江苏省高等学校重点教材（编号：2021-2-212）

21世纪应用型本科计算机专业实验系列教材

U0367542

软件工程实训案例指导

主　编　汪前进　施　珺

副主编　单建魁　樊　宁

参　编　杨世通

南京大学出版社

内容简介

软件工程实训是培养学生大型复杂软件工程项目开发能力、实践创新和创业就业能力的重要环节。本书以软件工程方法学为指导,以实际软件工程项目开发为实例,按照软件工程过程和软件生命周期模型,依据软件工程标准规范,采用当前软件企业团队组织和管理模式,运用现代集成化软件工程环境(ISEE)和CASE 工具,实施整个设计项目的开发和管理,并生成各个阶段相关产品和最终软件产品。

本书是编者多年从事软件工程实训教学和软件项目开发实践的总结,书中并没有太多抽象的概念,主要关注实际软件开发中所需要的知识和实践技能,力求做到通俗易懂。

本书既可作为高等院校软件工程专业及计算机相关专业高年级本科生软件工程实训的教材,也可供软件开发人员阅读和参考。

图书在版编目(CIP)数据

软件工程实训案例指导 / 汪前进,施珺主编. -- 南京:南京大学出版社,2023.6
ISBN 978 - 7 - 305 - 26958 - 5

Ⅰ. ①软… Ⅱ. ①汪… ②施… Ⅲ. ①软件工程
Ⅳ. ①TP311.5

中国国家版本馆 CIP 数据核字(2023)第 077319 号

出版发行　南京大学出版社
社　　址　南京市汉口路 22 号　　　邮　编　210093
出 版 人　金鑫荣

书　　名　**软件工程实训案例指导**
主　　编　汪前进　施　珺
责任编辑　吕家慧　　　　　　　编辑热线　025 - 83597482
照　　排　南京开卷文化传媒有限公司
印　　刷　南京京新印刷有限公司
开　　本　787 mm×1092 mm　1/16　印张 13　字数 316 千
版　　次　2023 年 6 月第 1 版　2023 年 6 月第 1 次印刷
ISBN 978 - 7 - 305 - 26958 - 5
定　　价　39.00 元

网　　址:http://www.njupco.com
官方微博:http://weibo.com/njupco
微信服务号:njuyuexue
销售咨询热线:(025)83594756

前　言

习近平总书记在党的二十大报告中指出，"高质量发展是全面建设社会主义现代化国家的首要任务""教育、科技、人才是全面建设社会主义现代化国家的基础性、战略性支撑。必须坚持科技是第一生产力、人才是第一资源、创新是第一动力，深入实施科教兴国战略、人才强国战略、创新驱动发展战略，开辟发展新领域新赛道，不断塑造发展新动能新优势"。这一战略部署赋予教育新使命新任务，迫切需要加快推进教育高质量发展，强化现代化建设人才支撑，为全面推进中华民族伟大复兴贡献强大教育力量。

工程能力是一种能够运用工程科学与技术去解决实际工程问题的能力。进入 21 世纪后，随着高等工程教育改革的深化，"实践是工程专业的根本"已成为当今国际高等工程教育界的普遍共识。在国家工业化人才培养进程中，我国一直重视高等教育的工程能力培养，加强实践环节、培养创新人才已经成为高校人才培养的大方向。随着计算机应用领域的不断扩大及我国经济建设的不断发展，软件工程专业目前颇具规模，如何提高学生的软件工程实践能力，一直是亟待解决的问题。

软件工程实训旨在培养学生大型复杂软件工程项目开发能力、实践创新和创业就业能力。通过实训，学生在系统掌握软件工程学的基本概念、原理、技术、方法、标准和规范等理论知识的基础上，依照当前软件研发和生产企业管理和运营机制，以团队组织和协作方式，实施大型复杂软件工程项目开发。

本书是作者结合多年软件工程实训的教学经验编写的，针对学生学习中遇到的问题，反复修正教学内容，总结教学方法，强调软件工程实训的系统整体性和实践性，面向学生、贴近实际。本书的主要特点是：

1. 公司开发模式。实训采用公司项目运行模式，成立开发小组，采用组长负责制，由组长为每位组员分配任务，下达任务分配单，并根据任务完成情况对小组成员进行考核。小组成员分工合作、团队协作完成任务。

2. 案例驱动。通过典型案例贯穿软件开发的全过程，既系统地训练传统的软件工程方法，又突出训练面向对象的分析与设计方法。

3. 项目开发与文档并重。从可行性研究、需求分析、软件设计到编码测试，由浅入深，让读者熟悉完整的项目开发流程，规范地书写各个阶段的文档，完成实训案例，有助于学生真正具备软件工程师的技术素养和职业素养。

全书共分 8 章。第 1 章介绍软件工程标准并通过电子商务平台案例介绍可行性研究的方法、过程和结果,第 2 章是项目开发计划的制订,第 3 章进行项目需求分析,第 4 章进行项目概要设计,第 5 章介绍项目数据库设计过程和结果,第 6 章完成项目详细设计与实现,第 7 章编写项目测试计划与测试分析,第 8 章完成网上求职招聘系统案例的面向对象分析与设计。

本书由汪前进、施珺主编,单建魁、樊宁为副主编。具体分工如下:第 1 章由施珺教授编写,第 2、3、4 章由汪前进老师编写,第 5、6 章由单建魁老师编写,第 7 章由樊宁老师编写,第 8 章由汪前进、杨世通老师共同编写。纪兆辉老师对全书进行审校。

江苏海洋大学计算机工程学院的教师、领导和学生对本书的编写工作给予了大力支持,并提出了许多宝贵意见,在此表示衷心感谢。

由于作者水平有限,难免出现一些疏漏和错误,殷切希望读者提出宝贵的建议和修改意见。

作者
2022 年 7 月

目　　录

第1章

软件工程标准与可行性研究

1.1 软件工程标准

1.1.1 软件工程标准的层次

软件工程标准根据制订的机构和标准适用的范围不同,可分为五个级别,即国际标准、国家标准、行业标准、企业标准及项目标准。

1. 国际标准

国际标准化组织 ISO(International Standards Organization)建立了"计算机与信息处理技术委员会",简称 ISO/TC97,专门负责与计算机有关的标准化工作。

2. 国家标准

由政府或国家级的机构制订或批准,适用于全国范围的标准,如:

GB——中华人民共和国国家技术监督局公布实施的标准,简称"国标"。

ANSI(American National Standards Institute.——美国国家标准协会。

FIPS（NBS）[Federal Information Processing Standards（National Bureau of Standards)]——美国商务部国家标准局联邦信息处理标准。

BS(British Standard.——英国国家标准。

DIN(Deutsches Institut für Nor-mung.——德国标准协会

JIS(Japanese Industrial Standard.——日本工业标准。

3. 行业标准

由行业机构、学术团体或国防机构制订,适用于某个业务领域的标准。如:

IEEE(Institute of Electrical and Electronics Engineers):美国电气与电子工程师学会。

OMG(Object Management Group):OMG 是一个开放成员的、非营利的联盟,为可互操作的企业应用程序生成和维护计算机行业规范。如 UML(Unified Modeling Language.规范。

4．企业规范

一些大型企业或公司，由于软件工程工作的需要，制订的适用于本部门的规范。

5．项目规范

由某一科研生产项目组织制订，为该项任务专用的软件工程规范。

国际标准为各国提供参考的标准。对需要在全国范围内统一的技术要求，应当制订国家标准。对没有国家标准而又需要在全国某个行业范围内统一的技术要求，可以制订行业标准。在公布国家标准之后，该项行业标准废止。企业生产的产品没有国家标准和行业标准的，应当制订企业标准，已有国家标准或者行业标准的，国家鼓励企业制订严于国家标准或者行业标准的企业标准，在企业内部使用。项目标准只适用于正在进行的某个项目，项目结束，标准废止。应当指出，国家标准是最基本的标准，其他任何标准的要求只能高于国家标准，而不能低于国家标准。

1.1.2 软件文档

我国 1988 年发布了 GB/T 8567—1988 计算机软件产品开发文件编制指南，作为软件开发人员工作的准则和规程。GB 8567—2006 的标准是 GB 8567—88 的修订版，并改名为《计算机软件文档编制规范》。它们基于软件生存期方法，把软件产品从形成概念开始，经过开发、使用和不断增补修订，直到最后被淘汰的整个过程应提交的文档归于以下十三种。

1．可行性研究报告

可行性研究报告说明该软件项目的实现在技术上、经济上和社会因素上的可行性，评述为合理地达到开发目标可供选择的各种可能的实现方案，说明并论证所选定实施方案的理由。

2．项目开发计划

项目开发计划是为软件项目实施方案制订出的具体计划。它包括各部分工作的负责人员、开发的进度、开发经费的概算、所需的硬件和软件资源等。

项目开发计划应提供给管理部门，并作为开发阶段评审的基础。

3．软件需求说明书

软件需求说明书对目标软件的功能、性能、用户界面及运行环境等作出详细的说明。它是用户与开发人员双方在对软件需求取得共同理解基础上达成的协议，也是实施开发工作的基础。

4．数据要求说明书

数据要求说明书给出数据逻辑描述和数据采集的各项要求，为生成和维护系统的数据文件做好准备。

5．概要设计说明书

该说明书是概要设计工作阶段的成果。它应当说明系统的功能分配、模块划分、程序的总体结构、输入输出及接口设计、运行设计、数据结构设计、出错处理设计等，为详细设计奠定基础。

6. 详细设计说明书

该说明书着重描述每一个模块是如何实现的,包括实现算法、逻辑流程等。

7. 用户手册

用户手册详细描述软件的功能、性能和用户界面,使用户了解如何使用该软件。

8. 操作手册

操作手册为操作人员提供软件各种运行情况的有关知识,特别是操作方法细节。

9. 测试计划

针对组装测试和确认测试,需要为组织测试制订计划。计划应包括:测试的内容、进度安排、条件、人员、测试用例的选取原则、测试结果允许的偏差范围等。

10. 测试分析报告

测试工作完成后,应提交测试计划执行情况的说明,对测试结果加以分析,并提出测试的结论性意见。

11. 开发进度月报

开发进度月报是软件人员按月向管理部门提交的项目进展情况的报告。报告应包括进度计划与实际执行情况的比较、阶段成果、遇到的问题和解决的办法以及下个月的打算等。

12. 项目开发总结报告

软件项目开发完成之后,应当与项目实施计划对照,总结实际执行的情况,如进度、成果、资源利用、成本和投入的人力等。还需对开发工作作出评价,总结经验和教训。

13. 维护修改建议

软件产品投入运行之后,可能有修正、更改等问题。应当对存在的问题、修改的考虑以及修改的影响估计等做详细的描述,写成维护修改建议,提交审批。

以上软件文档是在软件生存期中,随着各个阶段工作的开展适时编制的。其中,有的仅反映某一个阶段的工作,有的则需跨越多个阶段。

1.2　项目可行性分析

1.2.1　可行性分析的目的和任务

可行性分析就是用最小的代价在尽可能短的时间内确定问题是否能够解决。要达到这个目的,必须分析几种主要的可能解法的利弊,从而判断原定的系统规模和目标是否现实,系统完成后所能带来的效益是否大到值得投资开发这个系统的程度。因此,可行性研究实质上是要进行一次大大压缩简化了的系统分析和设计的过程,也就是在较高层次上以较抽象的方式进行的系统分析和设计的过程。

软件可行性分析是通过对项目的市场需求、资源供应、建设规模、工艺路线、设备选型、环境影响、资金筹措、盈利能力等方面的研究,从技术、经济、工程等角度对项目进行调查研究和分析比较,并对项目建成以后可能取得的经济效益及社会环境影响进行科学预测,为项目决策提供公正、可靠、科学的软件咨询意见。主要从经济、技术、社会环境等方面分析所给出的解决方案是否可行,当解决方案可行并有一定的经济效益和(或)社会效益时才开始真正的基于计算机的系统的开发。

1.2.2 可行性研究报告编写说明

可行性研究报告的编写目的是:说明该软件开发项目的实现在技术、经济和社会条件方面的可行性,评述为了合理地达到开发目标而可能选择的各种方案,说明并论证所选定的方案。

可行性研究报告的编写内容要求如下:

> **1 引言**
>   1.1 编写目的
>   1.2 背景
>   1.3 定义
>   1.4 参考资料
> **2 可行性研究的前提**
>   2.1 要求
>   2.2 目标
>   2.3 条件、假定和限制
>   2.4 进行可行性研究的方法
>   2.5 评价尺度
> **3 对现有系统的分析**
>   3.1 数据流程和处理流程
>   3.2 工作负荷
>   3.3 费用开支
>   3.4 人员
>   3.5 设备
>   3.6 局限性
> **4 所建议的系统**
>   4.1 对所建议系统的说明
>   4.2 数据流程和处理流程
>   4.3 改进之处
>   4.4 影响
>   4.4.1 对设备的影响
>   4.4.2 对软件的影响
>   4.4.3 对用户单位机构的影响
>   4.4.4 对系统运行的影响
>   4.4.5 对开发的影响
>   4.4.6 对地点和设施的影响

1.3　可行性研究报告实例

【C2C 电子商务平台可行性研究报告】

1　引言

1.1　编写目的

为了对项目开发的行动方针进行合理的规划,本文档对项目的可行性进行分析,简述项目的分析和设计的过程。对计划实现系统的投资及效益进行分析评估,制订出合理的项目初步开发计划,将项目开发计划呈现给委托人,确定项目是否可以实施。

1.2　背景

项目开发背景如表 A - 1 所示。

表 A-1 项目开发背景

开发的系统名称	C2C 电子商务交易平台
委托人	计算机工程学院
开发者	×××开发小组
用户	电商、顾客、平台管理员
计算中心或计算机网络	Internet 互联网
机构来往	同众多公益基金会与公益组织有业务合作

电子商务平台是一个为企业或个人提供网上交易的平台。企业电子商务平台是建立在 Internet 上进行商务活动的虚拟网络空间和保障商务顺利运营的管理环境;是协调、整合信息流、货物流、资金流有序、关联、高效流动的重要场所。企业、商家可充分利用电子商务平台提供的网络基础设施、支付平台、安全平台、管理平台等共享资源有效地、低成本地开展自己的商业活动。

1.2.1 基本需求

A. 主要功能

◇ 后台管理子系统:管理员登录,用户信息管理,订单信息管理,商品信息审核,商品信息管理,商品评价管理,投诉信息管理,卖家身份审核。

◇ 商城子系统:买家注册,买家登录,买家申请卖家权限,浏览商品,查找商品,加入购物车,购物车商品管理,商品下单,订单查询,订单删除,确认收货,订单评价,卖家投诉,商品收藏,收藏管理,个人信息管理,商品捐赠。

◇ 卖家商品管理子系统:卖家登录,商品发布(可选择公益金),商品查询,商品信息管理,商品发货,查看评价。

B. 主要性能

可以方便快捷有效地完成商品发布、查询、购买、捐赠、评价等各项操作,保证信息的正确和及时更新,并降低信息访问的成本,技术先进且可靠性高,系统的响应时间应在 60 ms 以内,系统在线人数至少在 10 万以上。

C. 可扩展性

能够适应应用要求的变化和修改,具有灵活的可扩充性。

D. 安全性

具有较高的安全性。系统对不同的用户提供不同的权限。

还应具有一定的保护机制,防止系统被恶意攻击,信息被恶意修改和窃取。有完善的备份机制,如果系统被破坏应该能快速恢复。

E. 完成期限

预计××天

1.2.2 决定可行性的主要因素

◇ 成本/效益分析结果:效益>成本;

◇ 技术可行:现有技术可完成开发任务;

◇ 操作可行:系统能被现有的工作人员快速掌握并使用;

◇ 法律可行:所使用工具和技术及数据信息不违反法律。

1.3 定义

专门术语:MySQL 5.7;TCP/IP;Tomcat 9;IntelliJ IDEA 2020

缩写词:无

1.4 参考资料(略)

2 可行性研究的前提

2.1 要求

2.1.1 功能

确定系统初步功能如表 A-2 所示。

表 A-2 系统功能

后台管理子系统	管理员登录,用户信息管理,订单信息管理,商品信息审核,商品信息管理,商品评价管理,投诉信息管理,卖家身份审核
商城子系统	买家注册,买家登录,买家申请卖家权限,浏览商品,查找商品,加入购物车,购物车商品管理,商品下单,订单查询,订单删除,确认收货,订单评价,卖家投诉,商品收藏,收藏管理,个人信息管理,商品捐赠
卖家商品管理子系统	卖家登录,商品发布(可选择公益金),商品查询,商品信息管理,商品发货,查看评价

2.1.2 性能

系统每天生成的数据信息能够准确无误地存入数据库;系统管理员能够随时查询信息、管理信息;系统的响应时间应在 60 ms 以内;系统在线人数至少在 10 万以上。

2.1.3 输出

表 A-3 数据输出

数据名称	用途	产生频度	分发对象
卖家信息	卖家登录	随卖家情况而定	卖家商品管理子系统/后台子系统
买家信息	买家登录	随买家而定	商城子系统/后台子系统
商品信息	商城组成	随卖家情况而定	商城子系统/卖家商品管理子系统/后台子系统
商品评价信息	用户以此衡量商品	随买家而定	商城子系统/卖家商品管理子系统/后台子系统
订单信息	记录用户购买商品的信息	随买家而定	商城子系统
广告信息	商城子系统展示	5 个/天	商城子系统

2.1.4 输入

系统数据输入如表 A-4 所示。

表 A-4 数据输入

数据名称	用途	产生频度	分发对象
商品评价信息	用户以此衡量商品	随买家而定	商城子系统/卖家商品管理子系统/后台子系统
订单信息	记录用户购买商品的信息	随买家而定	商城子系统
投诉信息	用户投诉卖家	随买家而定	后台子系统
卖家身份审核信息	用户申请成为卖家	随买家而定	后台子系统
待发布商品信息	卖家增添商品	随卖家情况而定	后台子系统
买家注册信息	买家在系统注册	随买家而定	后台子系统
买家投诉信息	买家投诉卖家	随买家而定	后台子系统

2.1.5 安全与保密方面的要求

通过权限区分管理员、买家和卖家,为不同的身份提供不同的数据,确保数据的安全;用户不能通过输入网址直接访问后台或卖家商品管理子系统,确保系统的安全。系统不会将用户的信息泄露,用户的信息不会完全的展示给其他任何用户,后台管理除外。

2.1.6 同本系统相连接的其他系统

无

2.1.7 完成期限

预计××天。

2.2 目标

◇ 人力与设备费用的减少

◇ 处理速度的提高

◇ 控制精度或生产能力的提高

◇ 管理信息服务的改进

◇ 人员利用率的改进

2.3 条件、假定和限制

◇ 所建议系统的运行寿命的最小值:5 年

◇ 系统方案比较时间:××××年××月××日

◇ 经费、投资:经费、投资主要由委托方提供

◇ 硬件、软件、运行环境和开发环境

硬件:

服务器:处理器(CPU):Intel i7 8 代;内存容量(RAM):16G

客户端:处理器(CPU):Intel i5 6 代;内存容量(RAM):4G

软件:

数据库服务器端:操作系统 Microsoft Windows Server 2016;

数据库管理系统 MySQL 5.7;配置 TCP/IP 协议

Web 服务器端:操作系统 Windows Server 2016;Tomcat 9 应用服务器

运行环境:操作系统 Windows 7 及以上,主流浏览器

开发环境：操作系统 Windows 10，数据库管理系统 MySQL 5.7，IntelliJ IDEA 2020

◇ 系统投入使用的最晚时间：××××年××月××日

通过发布体验版本，对不同地区不同年龄段的人进行问卷调查，提高系统的功能使用简易度，对系统进行可行性分析；对系统的运行性能进行检测，最终评判系统是否可行。

3 业务流程分析

C2C 电子商务交易流程如图 A-1 所示。

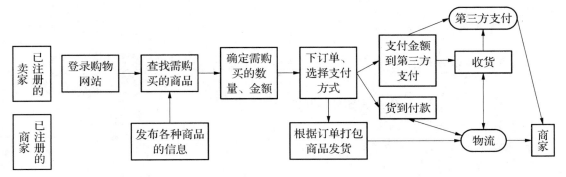

图 A-1 C2C 电子商务交易流程

4 系统实现方案

所建议系统是 B/S 模式，系统流程图如图 A-2 所示。

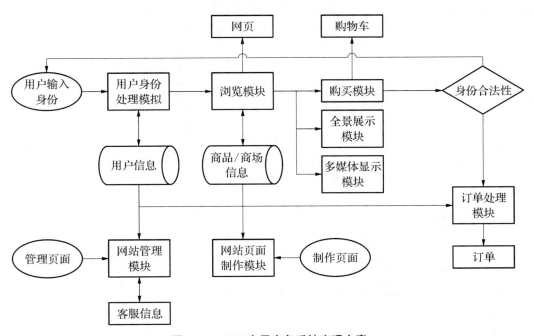

图 A-2 C2C 电子商务系统实现方案

本系统基于互联网和 Windows 操作系统，现有技术已较为成熟，利用现有技术完全可以实现系统开发目标，预计可以在规定期限内完成开发任务。

5　经济可行性分析

5.1　投资成本

5.1.1　一次性支出

（1）系统开发、建立费用共 23 万元。其中：

① 本系统开发期为 7 个月，需开发人员 6 人（不一定都是参加满 7 个月）。根据软件系统的规模估算，开发工作量约为 30 人月，每人月的人工费按 7 000 元计算，开发费用为 21 万元。

② 基础信息建立需要 2 人 2 个月，即 4 人月，每人月的人工费用按 5 000 元计算，需 2 万元。

（2）硬件设备费共 13 万元，其中：微机 6 台约 3 万元；服务器 3 台及网络等设备费 10 万元。

（3）外购开发工具、软件工具费用共 9 万元。

（4）其他费用共 2 万元。

一次性支出总费用：47 万元。

5.1.2　经常性费用

主要是系统运行费用。假设本系统运行期 10 年，每年的运行费用（包括系统维护、设备维护等）10 万元，按年利率 5% 计算，如表 A-5 所示。

系统投资成本总额为：$47+77.217\,3=124.217\,3$ 万元。

表 A-5　系统运行费用累计

年份	将来费用 （万元）	$(1+0.05)^N$	现在费用值 （万元）	累计现在 费用值（万元）
第一年	10	1.05	9.523 8	9.523 8
第二年	10	1.102 5	9.070 3	18.594 1
第三年	10	1.157 6	8.638 6	27.232 7
第四年	10	1.215 5	8.227 1	35.459 7
第五年	10	1.276 3	7.835 1	43.949
第六年	10	1.340 1	7.462 1	50.757 0
第七年	10	1.407 1	7.106 8	57.863 8
第八年	10	1.477 5	6.768 2	64.632 0
第九年	10	1.551 3	6.446 2	71.078 2
第十年	10	1.628 9	6.139 1	77.217 3

5.2　收益

假设收益 50 万元/年。按年利率 5% 计算，系统收益总额为：386.086 7 万元，效益计算如表 A-6 所示。

表 A - 6　系统收益累计

年份	将来收益值 （万元）	$(1+0.05)^N$	现在收益值 （万元）	累计现在收益值 （万元）
第一年	50	1.05	47.619 0	47.619 0
第二年	50	1.102 5	45.351 5	92.970 5
第三年	50	1.157 6	43.192 8	136.163 3
第四年	50	1.215 5	41.135 3	177.287
第五年	50	1.276 3	39.175 7	216.474 4
第六年	50	1.301	37.310 6	253.785 1
第七年	50	1.407 1	35.534 1	289.319 1
第八年	50	1.477 5	33.840 9	323.160 1
第九年	50	1.551 3	32.231 0	355.391 1
第十年	50	1.628 9	30.695 6	386.086 7

5.3　成本/收益分析

在 10 年期内,系统总成本 124.217 3 万元,系统总收益 386.086 7 万元。

投资回收期:2+(124.217 3-92.970 5)/43.192 8=2.72(年)

投资回报率:$x\%$

$\left[x\ 即\ 124.217\ 3=50/(1+j)+50/(1+j)^2+\cdots+50/(1+j)^{10}\ 的方程解\ j\times100\right]$

纯收益:386.086 7-124.217 3=261.869 4(万元)

从经济上考虑,开发本系统完全可行的。

6　社会因素可行性分析

6.1　法律方面的可行性

所有软件都用正版,技术资料都由提出方保管,数据信息均可保证合法来源。所以,在法律方面是可行的。

6.2　用户使用可行性

本系统界面友好、使用方便。系统管理员经过简单培训可以胜任,卖家、买家可以直接使用。

7　结论

可以立即开始进行。

1.4　软件项目技术合同实例

假设江苏海洋大学计算机工程学院为甲方,项目开发小组为乙方,C2C 电子商务平台项目技术合同如下。

合同登记编号：＿＿＿＿＿＿＿＿＿＿

技术开发合同

项目名称：C2C 电子商务平台

委托(甲方)：江苏海洋大学计算机工程学院

研究开发人员(乙方)：

签订地点：连云港市

签订日期：××××年××月××日

有效日期：××××年××月××日至××××年××月××日

根据《中华人民共和国合同法》的规定，合同双方就《教务管理系统》开发项目的技术开发(该项目属于市科技局计划)内容经协商达成一致，签订本合同。

一、技术内容、范围及要求

根据甲方的要求，乙方完成电子商务系统软件的研制开发。

1. 根据甲方要求进行系统方案设计，要求建立 B/S 结构的、基于 MySQL 数据库、Tomcat 服务器和 J2EE 技术的三层架构体系的综合服务软件系统。

2. 配合甲方，在与整体系统相融合的基础上，建立系统运行的软硬件环境。

3. 具体需求见本书合同附件。

二、应达到的技术指标和参数

1. 系统满足并行登陆、并行查询的速度要求。其中主要内容包括：① 保证 1 000 人以上同时登录系统；② 所有查询速度应在 10 秒以内；③ 保证数据的每周备份；④ 工作日期间不能宕机；⑤ 出现问题应在 10 分钟之内恢复。

2. 系统的主要功能应满足双方认可的需求规格，不可随意改动。

三、研究开发计划

1. 第一阶段：乙方在合同签订后 7 个工作日内，完成合同内容的系统设计方案。

2. 第二阶段：完成第一阶段的系统设计方案之后，乙方于 50 个工作日内完成系统基本功能的开发。

3. 第三阶段：完成第一和第二阶段的任务之后，由甲方配合乙方于 3 个工作日内完成系统在×××信息中心的调试、集成。

四、研究开发经费、报酬及其支付或结算方式

1. 研究开发经费是指完成本项目研究开发工作所需的成本。报酬是指本项目开发成果的使用费和研究开发人员的科研补贴。

2. 本项目研究开发经费和报酬(人民币大写)：×××万元整

3. 支付方式：分期付款

4. 本合同自签订之日起生效，甲方 5 个工作日内应付乙方合同总金额的 50%，计人民币×××.00 元(人民币大写×××元整)。验收后甲方在 5 个工作日内付清全部合同余款，计人民币×××.00(人民币大写×××元整)。

五、利用研究开发经费购置的设备、器材、资料的财产权属：江苏海洋大学

六、履行的期限、地点、和方式

本合同自××××年××月××日至××××年××月××日在连云港履行。

本合同履行方式：

甲方责任：

1. 甲方全力协助乙方完成合同内容。

2. 合同期内,甲方为乙方提供专业性接口的技术支持。

乙方责任：

1. 乙方按甲方要求完成合同内容。

2. 乙方愿意在实现系统功能的前提下,进一步对其予以完善。

3. 乙方在合同商定的时间内保证系统正常运行。

4. 乙方在项目验收后提供一年免费维护。

5. 未经甲方同意,乙方不得向第三方提供本系统中涉及的专业技术内容和所有的系统数据。

七、技术情报和资料的保密

本合同中的相关专业技术内容和所有的系统数据归甲方所有,未经甲方同意,乙方不得提供给第三方。

八、技术协作的内容

见系统设计方案。

九、技术成果的归属和分享

专利申请权:技术成果归甲、乙双方共同所有。

十、验收的标准和方式

研究开发所完成的技术成果达到了本合同第二条所列技术指标,按照国家标准,采用一定的方式验收,由甲方出具技术项目验收证明。

十一、风险的承担

在履行本合同的过程中,确因在现有水平和条件下难以克服的技术困难,导致研究开发部分或全部失败所造成的损失,风险责任由甲方承担 50%,乙方承担 50%。

本项目风险责任确认的方式:双方协商。

十二、违约金和损失赔偿额的计算

除因不可抗力因素(指发生战争、地震、洪水、飓风或其他人力不能控制的不可抗力事件)外,甲乙双方需遵守合同承诺,否则视为违约并承担违约责任:

1. 如果乙方不能按期完成软件开发工作并交给甲方使用,乙方应向甲方支付延期违约金。每延迟一周,乙方向甲方支付合同总额的 0.5% 的违约金,不满一周按一周计算,但违约金总额不得超过合同总额的 5%。

2. 如果甲方不能按期向乙方支付合同款项,甲方应向乙方支付延期违约金。每延迟一周,甲方向乙方支付合同总额的 0.5% 的违约金,不满一周按一周计算,但违约金总额不得超过合同总额的 5%。

十三、解决合同纠纷的方式

在履行本合同的过程中若发生争议,双方当事人和解或调解不成,可采取仲裁或按司法程序解决。

1. 双方同意由连云港市仲裁委员会仲裁。

2. 双方约定向连云港市人民法院起诉。

十四、名词和术语解释

如有,见合同附件。

十五、其他

1. 本合同一式 6 份,具有同等法律效力。其中:正式两份,甲乙双方各执一份;副本 4 份,交由乙方。

2. 本合同未尽事宜,经双方协商一致,可在合同中增加补充条款,补充条款是合同的组成部分。

第2章

项目开发计划

2.1 项目开发计划

2.1.1 项目计划过程与任务

项目开发计划一般是由项目经理负责编写，项目技术人员协助，在项目启动前期进行评审，评审通过后汇报项目主管，成为项目实施的进度依据。项目计划过程与任务如下：

1. 成立项目团队

软件开发企业相关部门收到经过审批后的"项目立项文件"和相关资料，则正式由"项目立项文件"中指定的项目经理组织项目团队，成员可以随着项目的进展在不同时间加入项目团队，也可以随着分配的工作完成而退出项目团队，但最好都能在项目启动时参加项目启动会议，了解总体目标、计划，特别是自己的目标职责，加入时间等等。

2. 项目开发准备

项目经理组织前期加入的团队成员准备项目工作所需要的规范、工具、环境。如开发工具、源代码管理工具、配置环境、数据库环境等。前期加入的团队成员主要由计划经理，系统分析员等组成，团队成员应该充分交流沟通。如果项目中存在一些关键的技术风险，则在这一阶段项目经理应组织人员进行预研，预研的结果应留下书面结论以备评审。

3. 项目信息收集

项目经理组织团队成员通过分析项目相关文档、进一步与用户沟通等途径，在规定的时间内尽可能全面收集项目信息。项目信息收集要讲究充分的、有效率的沟通，并要达成共识。重要的内容需要开会进行 Q&A 讨论，确保所有重要问题都得到理解，最终达成共识。讨论会上达成的共识应当记录成文字，落实在具体的文档中。

4. 编写《软件项目计划书》

项目经理负责组织编写《软件项目计划书》。《软件项目计划书》是项目策划活动核心输出文档，它包括计划书主体和以附件形式存在的其他相关计划，如配置管理计划等。《软件项目计划书》的编制参考国标的要求。各企业在建立 ISO 9001 质量管理体系或 CMM 过程中也会建立相应的《软件开发项目计划书规范》。

编制项目计划的过程应当分为以下两个步骤：

（1）确定项目的应交付成果。这里的项目的应交付成果不仅是指项目的最终产品，也包括项目的中间产品。例如，通常情况下软件开发项目的项目产品可以是：需求规格说明书、概要设计说明书、详细设计说明书、数据库设计说明书、项目阶段计划、项目阶段报告、程序维护说明书、测试计划、测试报告、程序代码与程序文件、程序安装文件、用户手册、验收报告、项目总结报告等等。

（2）任务分解：从项目目标开始，从上到下，层层分解，确定实现项目目标必须要做的各项工作，并画出完整的工作分解结构图。软件开发项目刚开始可能只能从阶段的角度划分，如需求分析工作、架构设计工作、编码工作、测试工作等等，规模较大时也可把需求、设计拆分成不同的任务。

2.1.2　关键技术介绍

1. 软件规模估算

在软件开发的初期，通过对软件项目的初步分析，我们可以使用"功能点"来对软件产品所提供给用户的功能加以度量。先按信息域特征得到未调整功能点，再按系统涉及的技术因素对该数值进行修正。

按照软件表示技术，一项需求可描述为若干外部输入、外部输出、外部请求、外部接口、内部文件的集合。对集合中每一子项进行计数，并按其复杂性指派相应的权重，可得未调整功能点 UFP：

$$UFP = \sum_{i=1}^{n} (子项\ i\ 的数目 \times 权重\ i)$$

任何需求的实现，总与一定的技术有关。一项需求的技术复杂性特性值 TCF 定义了 14 项技术特性，对应每一特性有一个从 0 到 5 的关联值 Fi（0 说明此项技术特性与功能实现毫无关系，5 说明此项技术特性是系统建立必不可少的组成部分）。TCF 即由这些评分合成，公式如下：

$$TCF = 0.65 + 0.01 \times \sum_{i=1}^{14} Fi$$

最后，功能点的度量值 FP，为以上二者的乘积：

$$FP = UFP \times TCF$$

假设有一单位的职工工资管理系统，通过需求分析得到：用户输入数为 4，即密码、打印工资、工资录入和错误按键；用户输出数为 3，即查询信息、工资报表和出错信息；用户查询数为 1，即工资查询；文件数为 1，即职工工资表；外部接口为 2，即人事查询、职工信息。假设各信息特性的复杂性均取简单级，则未调×整功能点数为：

$$UFP = 3 \times 4 + 4 \times 3 + 3 \times 1 + 7 \times 1 + 5 \times 2 = 44$$

再取技术因素分布如表 2-1,可求得技术因素综合影响程度:

$$DI = 5+4+0+1+1+3+2+0+1+1+3+2+2+3 = 28$$

求得技术复杂因子: $TCF = 0.65+0.01 \times DI = 0.93$

最后求得: $FP = UFP \times TCF = 44 \times 0.93 = 40.92$

表 2-1 技术因素

技术因素 影响度	F1	F2	F3	F4	F5	F6	F7	F8	F9	F10	F11	F12	F13	F14
无影响 0			Y					Y						
微影响 1				Y	Y				Y	Y				
轻影响 2							Y					Y	Y	
中影响 3						Y					Y			
大影响 4		Y												Y
重影响 5	Y													

2. 基于功能点的工作量估算

基于功能点的工作量估算,是从用户的角度来度量软件。进行工作量估算时,先估计出软件项目的功能点数,然后将功能点数转换为人天数。将功能点转换成人天数主要有 2 种方法。

(1) 生产率法

要求有开发商每人天开发的功能点数,估算出功能点数后,直接利用功能点数除以功能点/天,即得工作量人天数。对于开发商每人天开发的功能点数,SPR 有统计,中国的值大约在 5.5 个功能点/人月。

(2) 经验模型法

可以依照本企业的历史数据得到关于功能点和工作量的统计方程;也可以采用已有的经验模型,例如:COCOMO II 模型。

3. 进度计划

可以采用基于软件生命周期的工作量详细分配方案:项目计划阶段:2%~3%;需求分析阶段:10%~25%;设计阶段:20%~25%;编码阶段:15%~20%;测试和调试阶段:30%~40%。

假若 1 个功能点需要 60 行源代码,则工资管理系统需要 $40.92 \times 60 = 2\,455.2$ LOC。类似地,功能点文档页数、成本数、错误数等也可估算。

开发工作量: $E = 5.2 \times KLOC^{0.91} = 5.2 \times 2.455^{0.91} = 12$ (人月)

估算开发进度: $T = 2.4 \times E^{1/3} = 5.5$ (月)

2.1.3 任务分派单

建议软件工程实训分组进行，每个项目组 4—6 名同学。项目组推举一名具有较强开发能力和管理能力的同学担任组长，采用组长负责制。组长负责为每一位组员分配具体开发任务，明确任务完成标准和完成时间，并根据组员的任务完成情况给定成绩。例如：软件工程实训项目组任务分派单如下。

软件工程实训项目组任务分派单（组长用）

班级：＿＿＿＿＿ 组别：＿＿＿＿＿ 组长姓名：＿＿＿＿＿ 时间： 年 月 日

项目名称：＿＿＿＿＿ 阶段名称：项目计划分析

序号	学号	姓名	任务名称	具体任务内容	完成标准	起止日期	验收成绩

（1）本表由组长为其组员每次上机实践分派任务使用，应认真填写相关任务名称、内容、完成标准等信息；

（2）本表在每次任务完成后，由组长按照完成标准验收，并给出每个组员成绩评定（每人平均 70 分制），除组长保留一份外，应及时上报任课老师（电子和纸质文档同时上报）。

2.2 CASE 工具使用

2.2.1 Microsoft Visio 日程安排

Microsoft Visio 为日程安排提供甘特图和 PERT 图工具。甘特图是展现项目中各个任务进展状况的一种有用的工具，对于协调多种活动特别有用，用来控制项目进度。PERT 图可以用来表示关键路线法（CPM）。CPM 借助网络图和各活动所需时间（估计值），计算每一活动的最早或最迟开始和结束时间。CPM 法的关键是计算总时差，这样可决定哪一项活动有最小时间弹性。甘特图和 PERT 图画法如下。

1. 甘特图

打开 Microsoft Visio 2013，其界面首页上会列出很多 Visio 的缺省功能选项，比如可以绘制流程图、组织结构图、日程安排等等，如图 2-1 所示。

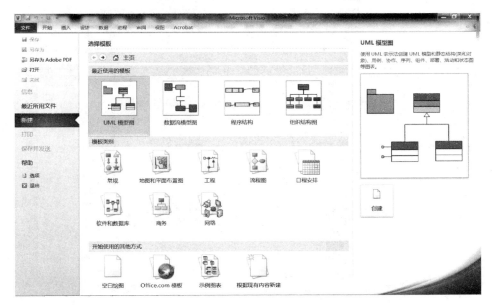

图 2-1　Microsoft Visio 2013 界面首页

在最上方的菜单栏,点击【新建】,接着在弹出的下拉菜单中点击【日程安排】,继续点击【甘特图】,如图 2-2 所示。

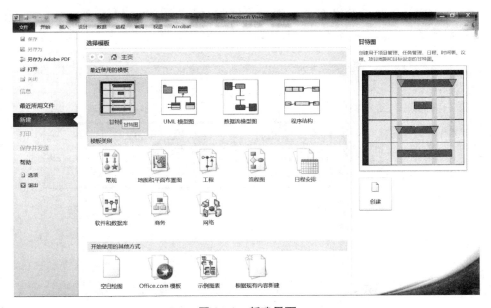

图 2-2　新建界面

弹出【甘特图选项】窗口,在该窗口可以设置任务条数及任务的开始时间和完成时间等数据,根据自己的实际需求来设置对应信息即可,如图 2-3 所示。

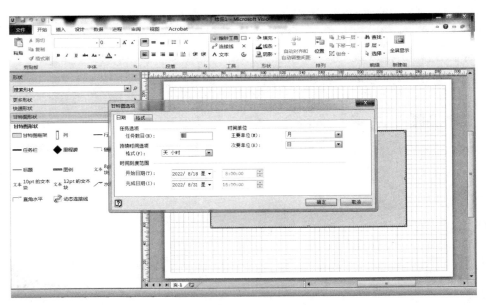

图 2 - 3   设置任务条数

在【甘特图选项】窗口上点击【确定】按钮，即可生成初始的甘特图，如果需要设置各项任务的层级，可以点击图示的【降级】或者【升级】按钮来进行设置，如图 2 - 4 所示。

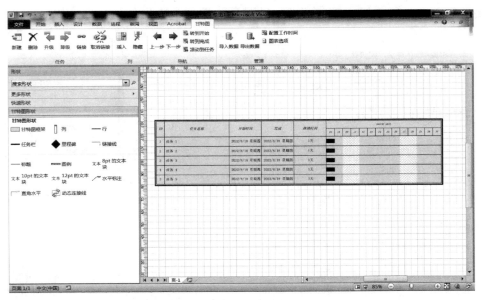

图 2 - 4   设置各项任务的层级

可以在此甘特图上修改任务名称及各项任务的开始完成时间等内容。对于时间的修改只能在最下级的子任务上修改，上级任务是不可以修改时间的，因为上级任务的开始完成时间是由各个下级任务确定的，如图 2 - 5 所示。

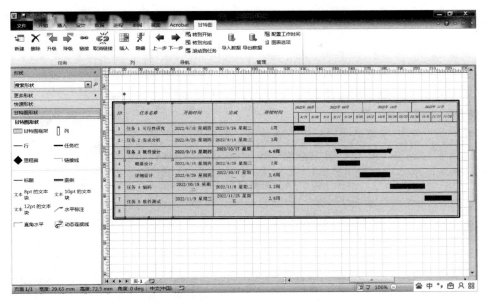

图 2‐5　修改任务名称及各项任务的开始完成时间

2. PERT 图

打开 Visio 2013。点击【文件】菜单，再选择【新建】，然后点击【日程安排】，如图 2‐6 所示。

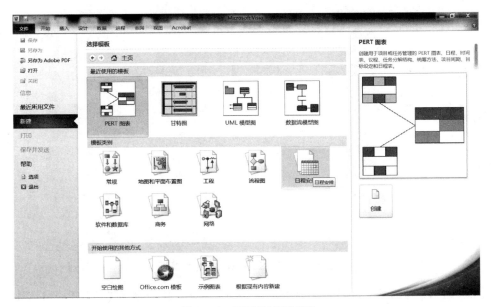

图 2‐6　打开【日程安排】

在【日程安排】界面，选择【PERT 图】，在右侧点击【创建】，如图 2‐7 所示。

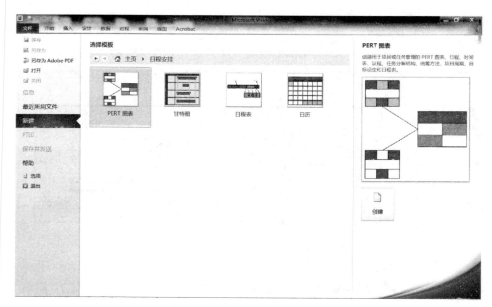

图 2 - 7　创建"PERT 图"

此时进入【PERT 图表】的绘图界面，如图 2 - 8 所示。

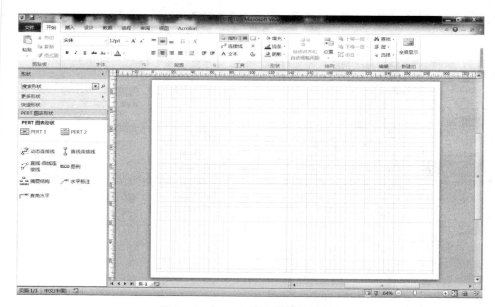

图 2 - 8　"PERT 图表"的绘图界面

鼠标点住左侧【PERT 图表形状】中的 PERT1 对象，并拖动到右侧的主窗口中，如图 2 - 9 所示。

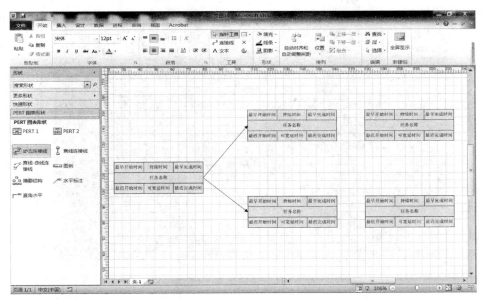

图 2 - 9 添加 PERT1 对象

鼠标点住左侧【PERT 图表形状】中的图例、备注等对象，并拖动到右侧的主窗口中，并通过连接线连接各个对象，形成完整的 PERT 图。

2.2.2 版本控制 Git 和 GitHub

版本控制工具是开发中必不可少的，常使用的版本控制工具有 Git 和 svn。Git 是典型的分布式版本控制工具，不需要网络也可以提交代码，即每个设备都是一个仓库。

1. Git 的安装

从 Git 官网下载一个 Git 安装包，官网地址为：http://git-scm.com/downloads。

选择 Windows 版本的 Git 安装包下载，开始安装。安装完成后，找到工作目录，右键点击出现菜单如图 2 - 10 所示。其中有 Git GUI Here 和 Git Bash Here，说明安装完成。

2. 创建仓库

进入工作目录如 h:\gitdemos\gittest，右键然后点击 Git Bash Here，输入 git init 将当前目录初始化为 git 仓库，会在文件目录下生成.git 文件夹，如图 2 - 11 所示。

在当前目录下创建新文件 hello. java，终端输入 git add hello.java 添加文件，输入 git commit hello. java-m "add hello. java"提交注释。

3. Git 的常用命令

Git 的常用命令如表 2 - 2 所示。

图 2 - 10 安装成功后的菜单

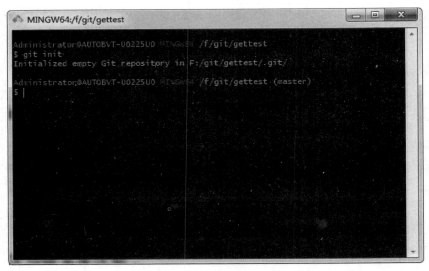

图 2-11 初始化为 git 仓库

表 2-2 Git 的常用命令

命 令	说 明
git init	git 初始化
git config--global user.name "xxx"	配置用户名
git config--global user.email "xxx@xxx.com"	配置邮件
git add	git add. 把所有变化提到暂存区 git add xxx 把制订文件提到暂存区
git status	查看当前文件状态
git commit--m ""	提交更新
git commit--am ´xxx´	将 add 和 commit 合为一步,但只能 cover 到已被 track 的文件
git show commit_id	显示某个提交的详细内容
git log	查看 commit 日志
git reset--hard commit_id	回退到某个 commit
git revert commit_id	进入到某个 commit 的代码,并生成新的 commit
git remote--v	查看本地关联的远程仓库
git remote add xxx	关联远程仓库,名字为 xxx
git remote rename oldname newname	修改远程仓库的名字
git remote rm name	删除名字为 name 的远程仓库的关联
git pull name branch	拉取名字为 name 的远程仓库的 branch 分支

续　表

命　令	说　明
git push name branch	推送名字为 name 的远程仓库的 branch 分支
git checkout-b branch [remote/master]	新建并进入一个名字为 branch 的分支 可选参数指在某个分支基础上新建
git checkout branch	切到名字为 branch 的分支
git branch-D branch	删除名字为 branch 的分支
git branch-a	查看所有分支,包括本地和远程
git clone 地址	克隆项目到本地
git fetch [name] [branch]	将获取远程仓库的更新取回本地,取回的代码对本地的开发代码没有影响,无参数时默认取所有
git merge branch	把 branch 分支合并到当前分支
git push name:branch	删除名字为 name 的远程的 branch 分支
git rebase-i HEAD～x 或 git rebase-i commi_id (commi_id 不参与合并的)	合并多个 commit,pick 改为 s,如有冲突,解决以后继续 git add . git rebase- -continue 取消合并 git rebase--abort
git tag name [commit_id]	增加名字为 name 的 tag,commit_id 制订 commit 处打 tag
git tag	查看所有 tag,按字母排序
git tag-d name	删除名字为 name 的 tag
git push origin tagname	把名字为 tagname 的 tag 推到远程
git push--tags	把所有 tag 推送到远程仓库
git push origin:refs/tags/<tagname>	删除远程 tag

4. 多台电脑使用同一 GitHub 账号协同开发

比如有两台电脑,一台在公司,一台在家里,项目需要在公司和回家都能开发,所以使用 GitHub 服务器来协同开发(GitHub 有私有库和开源库,请选择使用)。

(1) 注册 GitHub 账号,具体注册流程请看官网或百度。

(2) 因为 GitHub 使用 SSH 认证的,所以每台电脑都要在 GitHub 上添加 SSH 的公钥。

首先查看电脑上有没有.ssh:

① Windows 上依次进入 C:→用户(user):→用户名。在当前目录查看有没有.ssh 目录,如果有进入.ssh,查看文件 id_rsa 和 id_rsa.pub,打开 id_rsa.pub,复制内容设置到 GitHub 的 SSH and GPS keys 上,具体如图 2-12 所示。

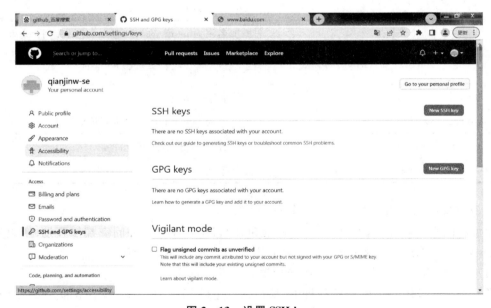

图 2-12　查看 SSH keys

② 点击 Settings 进入设置页面，点击 SSH and GPS keys，再点击右上角 New SSH key 将 id_rsa.pub 里面的值复制进去，确定即可，如图 2-13 所示。

图 2-13　设置 SSH keys

如果没有.ssh，则打开命令行输入以下命令：ssh-keygen -t rsa -C "email"，其中 email 为自己的邮箱地址。就会在 c:\用户\用户名.ssh 中生成 id_rsa 和 id_rsa.pub。然后将 id_rsa.pub，复制内容设置到 GitHub 的 SSH and GPS keys 上。

（3）将本地项目关联到 GitHub 上。

如果本地已经有一个创建好的仓库需要关联到 GitHub 上，首先在 GitHub 上创建仓库：输入仓库名字，然后点击 Create repository，即在 GitHub 上创建了一个仓库，这时仓库是空的；然后进入本地 Git 仓库使用 Git 命令：git remote add origin git@github.com：账号名/项目名.Git，这样就将本地项目与 GitHub 关联；然后执行 git 命令：git push -u origin master 即将本地仓库推送至 GitHub 的 master 分支。

2.3　项目开发计划书编写说明

编制项目开发计划的目的是用文件的形式，把对于在开发过程中各项工作的负责人员、开发进度、所需经费预算、所需软、硬件条件等问题作出的安排记载下来，以便根据本计划开展和检查本项目的开发工作。《项目计划书》的编写提示如下。

1　引言

1.1　编写目的

说明编写这份项目开发计划的目的，并指出预期的读者。

1.2　背景

说明：

a. 待开发的软件系统的名称；

b. 本项目的任务提出者、开发者、用户及实现该软件的计算中心或计算机网络；

c. 该软件系统同其他系统或其他机构的基本的相互来往关系。

1.3　定义

列出本文件中用到的专门术语的定义和外文首字母组词的原词组。

1.4　参考资料

列出用得着的参考资料，如：

a. 本项目的经核准的计划任务书或合同、上级机关的批文；

b. 属于本项目的其他已发表的文件；

c. 本文件中各处引用的文件、资料，包括所要用到的软件开发标准，列出这些文件资料的标题、文件编号、发表日期和出版单位，说明能够得到这些文件资料的来源。

2　项目概述

2.1　工作内容

简要地说明在本项目的开发中须进行的各项主要工作。

2.2　主要参加人员

扼要说明参加本项目开发工作的主要人员的情况，包括他们的技术水平。

2.3　产品

2.3.1　程序

列出需移交给用户的程序的名称、所用的编程语言及存储程序的媒体形式，并通过引用有关文件，逐项说明其功能和能力。

2.3.2　文件

列出需移交给用户的每种文件的名称及内容要点。

2.3.3　服务

列出需向用户提供的各项服务，如培训安装、维护和运行支持等，应逐项规定开始日期、所提供支持的级别和服务的期限。

2.3.4 非移交的产品

说明开发集体应向本单位交出但不必向用户移交的产品(文件甚至某些程序)。

2.4 验收标准

对于上述这些应交出的产品和服务,逐项说明或引用资料说明验收标准。

2.5 完成项目的最迟期限

2.6 本计划的批准者和批准日期

3 实施计划

3.1 工作任务的分解与人员分工

对于项目开发中需完成的各项工作,从需求分析、设计、实现、测试直到维护,包括文件的编制、审批、打印、分发工作,用户培训工作,软件安装工作等,按层次进行分解,指明每项任务的负责人和参加人员。

3.2 接口人员

说明负责接口工作的人员及他们的职责,包括:

a. 负责本项目同用户的接口人员;

b. 负责本项目同本单位各管理机构,如合同计划管理部门、财务部门、质量管理部门等的接口人员;

c. 负责本项目同各分合同负责单位的接口人员等。

3.3 进度

对于需求分析、设计、编码实现、测试、移交、培训和安装等工作,给出每项工作任务的预定开始日期、完成日期及所需资源,规定各项工作任务完成的先后顺序以及表征每项工作任务完成的标志性事件(即所谓"里程碑")。

3.4 预算

逐项列出本开发项目所需要的劳务(包括人员的数量和时间)以及经费的预算(包括办公费、差旅费、机时费、资料费、通信设备和专用设备的租金等)和来源。

3.5 关键问题

逐项列出能够影响整个项目成败的关键问题、技术难点和风险,指出这些问题对项目的影响。

4 支持条件

说明为支持本项目的开发所需要的各种条件和设施。

4.1 计算机系统支持

逐项列出开发中和运行时所需的计算机系统支持,包括计算机、外围设备、通信设备、模拟器、编译(或 汇编)程序、操作系统、数据管理程序包、数据存储能力和测试支持能力等,逐项给出有关到货日期、使用时间的要求。

4.2 需由用户承担的工作

逐项列出需要用户承担的工作和完成期限,包括需由用户提供的条件及提供时间。

4.3 由外单位提供的条件

逐项列出需要外单位分合同承包者承担的工作和完成的时间,包括需要由外单位提供的条件和提供的时间。

5 专题计划要点

说明本项目开发中需制订的各个专题计划(如分合同计划、开发人员培训计划、测试计划、安全保密 计划、质量保证计划、配置管理计划、用户培训计划、系统安装计划等)的要点。

2.4 项目开发计划书实例

【C2C 电子商务平台项目开发计划书】

1 引言

(略)

2 项目概述

2.1 工作内容

本项目开发中需进行的各项工作:项目计划、可行性分析、需求分析、概要设计、详细设计、测试计划与具体分析以及系统使用说明。

2.2 主要参加人员

2.3 产品

2.3.1 程序

程序描述如表 B-1 所示。

表 B-1 程序描述

系统名称	C2C 电子商务交易平台
所用编程语言	Java
存储程序的媒体形式	磁盘文件:MySQL 数据库文件,JSP 文件,Java 文件,CSS 文件,JS 文件,HTML 文件
功能	用户信息、商品信息、商品评价信息的管理,购买商品、评价商品、捐赠商品、发布商品等

2.3.2 文件

系统使用说明:使用非专门术语的语言,充分地描述该软件系统所具有的功能及基本的使用方法,使用户(或潜在用户)通过本手册能够了解该软件的用途,并且能够确定在什么情况下如何使用它。

2.3.3 服务

培训安装:上门为客户安装软件,并对客户主要使用人员进行使用培训,使客户能够熟练使用系统的各项功能。(客户再次遇到使用方面的问题可以进行网络教学或上门教学)

软件维护:通过客户的使用反馈来了解软件的漏洞,询问客户需求制订修改方案,并提供软件补丁。

运行支持:对付费购买软件的用户提供技术支持,并在新版本更新的时候提醒更新,接受用户的意见及反馈。

2.3.4 非移交产品

非移交产品清单如表 B-2 所示。

表 B-2 非移交用户产品

名称	内容要点
可行性研究报告	a. 可行性研究的前提 b. 对现有系统的分析 c. 所建议的系统的分析 d. 投资及效益分析 e. 社会因素方面的可行性
软件需求说明书	a. 任务概述 b. 需求规定 c. 运行环境规定
概要设计说明书	a. 总体设计 b. 接口设计 c. 运行设计 d. 系统数据结构设计 e. 系统出错处理设计
数据库设计说明书	a. 概念结构设计 b. 逻辑结构设计 c. 物理结构设计
详细设计说明书	a. 程序系统的组织结构 b. 程序设计说明
软件测试计划	a. 计划 b. 测试设计说明 c. 评价准则
测试分析报告	a. 测试概要 b. 测试结果及发现 c. 对软件功能的结论 d. 分析摘要 e. 测试资源消耗

2.4 项目验收标准

2.4.1 系统验收标准

系统每天生成的数据信息能够准确无误的存入数据库；系统管理员能够随时查询信息、管理信息；系统的响应时间应在 60 ms 以内；系统在线人数至少在 10 万以上。

（1）测试用例全部通过；

（2）不存在在某些情况下导致用户的工作不能完成的错误；

（3）用户等待时间≤60 ms，系统在线人数≥10 万；

（4）界面方面存在的问题导致用户的工作不能顺利进行的错误数量≤5；

（5）所有提交的错误都已得到更正。

2.4.2 文件验收标准

系统操作手册的相应规格应满足国标的相关标准，操作手册中内容应包括以上所述的内容，手册中不应该包含专业性的词汇，对于数据库脚本的恢复程序，应提供非常详细的操作指引和图例。

2.4.3　服务验收标准

其他维护的要求按照内部约定进行。

3　实施总计划

3.1　工作任务的分解

3.1.1　功能点估算

整个系统分解为三个子系统,工作任务分解如表 B-3 所示。

表 B-3　工作任务分解表

后台管理子系统	管理员登录,用户信息管理,订单信息管理,商品信息审核,商品信息管理,商品评价管理,投诉信息管理,卖家身份审核
商城子系统	买家注册,买家登录,买家申请卖家权限,浏览商品,查找商品,加入购物车,购物车商品管理,商品下单,订单查询,订单删除,确认收货,订单评价,卖家投诉,商品收藏,收藏管理,个人信息管理,商品捐赠
卖家商品管理子系统	卖家登录,商品发布(可选择公益金),商品查询,商品信息管理,商品发货,查看评价

该系统展示信息域特征的数据流图如图 B-1 所示。

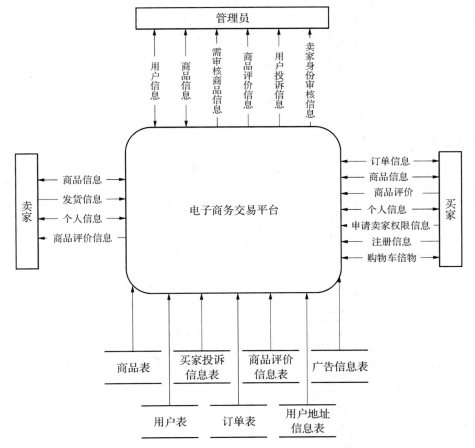

图 B-1　C2C 电子商务交易平台数据流图

功能点定义的信息域五个特性,输入项,输出项,查询项,主文件数,外部接口数如表B-4所示。

表 B-4 信息域特性系数值表

复杂级别	简单	平均	复杂
输入系数	3	4	6
输出系数	4	5	7
查询系数	3	4	6
文件系数	7	10	15
接口系数	5	7	10

通过分析系统顶层数据流图,结合开发经验,可得系统各信息域特征:

输入项数(Input)为11。其中,简单项数为5,平均项数为3,复杂项数为3。

输出项数(Output)为6。其中,简单项数为3,平均项数为1,复杂项数为2。

用户查询数为5。其中,简单查询数为3,平均查询数为1,复杂查询数为1。

文件数为7。其中,简单文件数为4,平均文件数为3。

外部接口为1,系统时间。复杂级别为平均。

未调整功能点数为:输入项数功能点为:$5 \times 3 + 3 \times 4 + 3 \times 6 = 45$

输出项数功能点为:$4 \times 3 + 5 \times 1 + 7 \times 2 = 31$

查询数功能点为:$3 \times 3 + 4 \times 1 + 6 \times 1 = 19$

文件数功能点为:$7 \times 4 + 10 \times 3 = 58$

接口数功能点为:$7 \times 1 = 7$

$UFP = 45 + 31 + 19 + 58 + 7 = 160$

技术因素分布表如表B-5所示。

表 B-5 技术因素

序号	Fi	技术因素	值
1	F1	数据通信	2
2	F2	分布式数据处理	1
3	F3	性能标准	2
4	F4	高负荷的硬件	2
5	F5	高处理率	2
6	F6	联机数据输入	3
7	F7	终端用户效率	3
8	F8	联机更新	3
9	F9	复杂的计算	1
10	F10	可重用性	3

续 表

序号	Fi	技术因素	值
11	$F11$	安装方便	2
12	$F12$	操作方便	1
13	$F13$	可移植性	2
14	$F14$	可维护性	3

可求得技术因素综合影响程度:$DI=2+1+2+2+2+3+3+3+1+3+2+1+2+3=30$

求得技术复杂因子:$TCF=0.65+0.01\times DI=0.95$

最后求得功能点数:$FP=UFP\times TCF=160\times0.95=152$

采用 Maston Barnett 和 Mellichamp 模型估算工作量。

工作量:$E=5.2\times KLOC^{0.91}=5.2\times(152\times60/1\,000)^{0.91}=38$(人月)

图 B-2 给出了本系统开发过程的工程网络图,各事件、作业均按照软件工程原理分配工作量,并计算各作业时间,而后计算各事件的 EET 和 LET。

采用 Putnam 模型估算开发时间:$T=2.4\times E^{1/3}=2.4\times38^{1/3}\approx8$(月)

项目各阶段大致工作量和工作时间如表 B-6 所示。

表 B-6 各阶段工作量

工作内容	工作量(人月)	工作量百分比(%)	项目组工作时间(月)
项目开发计划	2	5.26	0.5
需求分析	3.5	9.21	1
概要设计	3.5	9.21	1.5
详细设计	5.5	14.47	2
编码实现	5.5	14.47	1.5
测试用例设计	6.5	17.11	3
测试	9.5	25.00	1.5
文档整理	2	5.26	1

3.1.2 开发进度安排

项目工程网络图如图 B-2 所示。

关键路径:项目开发计划→需求分析→概要设计→详细设计→编码实现→测试

C2C 电子商务交易平台项目 Gantt 图如图 B-3 所示。

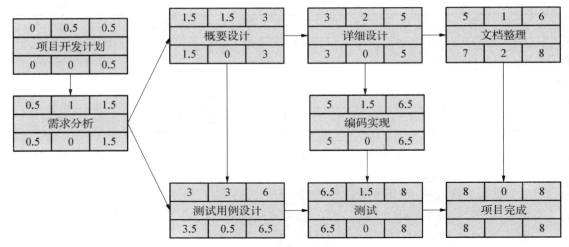

图 B‑2 项目工程网络图

图 B‑3 项目工程甘特图

C2C 电子商务交易平台项目计划表如表 B‑7 所示。

表 B‑7 C2C 电子商务交易平台项目计划书

起止时间	工作内容	成果	负责人	参加人员
××××.6.12—××××.6.17	编写项目开发	完成项目开发说明书		
××××.6.18—××××.6.26	需求分析	完成需求规格说明书		
××××.6.27—××××.7.5	概要设计	完成概要设计说明书		
××××.7.6—××××.7.20	详细设计	完成详细设计说明书		
××××.7.21—××××.8.10	测试用例设计	完成测试计划报告		
××××.8.11—××××.8.25	编码实现	完成编码		
××××.8.26—××××.9.18	测试	完成测试分析报告		
××××.9.19—××××.9.21	文档整理	完成报告		

3.2 接口人员

(1) ××××负责本项目同用户的接口；

(2) ×××负责本项目同支付系统的接口；

（3）×××负责本项目同其他系统（如微信、QQ）的接口。

3.3 进度检查点

（1）××××年6月12日至××××年6月13日：项目计划、可行性研究、需求分析

完成任务：完成《电子商务交易平台可行性研究报告》《电子商务交易平台项目开发计划》《C2C电子商务交易平台软件需求说明书》

（2）××××年6月14日至××××年6月15日：项目概要设计

完成任务：完成《C2C电子商务交易平台概要设计说明书》

（3）××××年6月16日至××××年6月17日：项目详细设计

完成任务：完成《C2C电子商务交易平台详细设计说明书》

（4）××××年6月21日至××××年6月23日：软件测试

完成任务：完成《C2C电子商务交易平台测试计划》《C2C电子商务交易平台测试分析报告》

（5）××××年6月21日至××××年6月23日：项目总结

完成任务：完成《C2C电子商务交易平台项目开发总结报告》

3.4 预算

劳务费：组长一名，每月工资6 000元；

组员四人，每月工资4 500元；

通信费：300元；

专用费用租金：2 000元；

项目开发时间：四个月；

合计：$4\,500 \times 4 \times 4 + 6\,000 \times 4 + 2\,000 + 300 = 98\,300$ 元

3.5 关键问题

（1）系统需求

本课题设计电子商务交易平台，能否为用户提供良好的购物体验，能否为商家提供方便快捷的销售服务是系统的关键。为了满足这些需求，需求分析占了很大的比重。所以在进度安排的时候，给需求分析分配了相对充裕的时间。

（2）系统运行效率和支持并发用户数目

系统设计及优化程度高低会极大地影响系统的运行效率，从而影响用户的体验。

4 支持条件

支持条件如表B-8所示。

表B-8 计算机系统支持

序号	工作项目	具体任务
1	通信设备	宽带、无线路由器、网线
2	数据库、编译工具	MySQL，Java，IntelliJ IDEA 2020
3	操作系统	Windows10系统，数据库服务器端、Web服务器端、客户端

第 3 章

项目需求分析

3.1 需求分析的任务和目标

需求分析是由开发人员准确地理解用户的要求,进行细致的调查分析,将用户的需求转化为完整的需求定义,从定义转换到相应的需求规格说明的过程。

需求分析的基本任务包括:

(1) 问题识别:开发人员与用户双方确定对问题的综合需求,这些需求包括功能需求、性能需求、环境需求、用户界面需求等。

(2) 分析与综合:导出软件的逻辑模型。

(3) 编写文档:包括编写"需求规格说明书""初步用户使用手册"等。

需求分析的主要目标是把用户对开发软件提出的"要求"或"需要"进行分析与整理,确认后形成描述完整、清晰与规范的文档,确定软件需要实现哪些功能,完成哪些工作。此外,软件的一些非功能性需求(如软件性能、可靠性、响应时间、可扩展性等),软件设计的约束条件,运行时与其他软件的关系等也是软件需求分析的目标。

3.2 需求分析方法及建模工具

需求分析必须理解并描述问题的信息域,根据这条准则应该建立数据模型;必须定义软件应完成的功能,这条准则要求建立功能模型;必须描述作为外部事件结果的软件行为,这条准则要求建立行为模型;必须对描述信息、功能和行为的模型进行分解,用层次的方式展示细节。

结构化分析方法给出一组帮助系统分析人员产生功能规约的原理与技术。它一般利用图形表达用户需求,使用的手段主要有数据流图、数据字典、结构化语言、判定表以及判定树等。

3.2.1 数据流图(DFD)

数据流图(DFD)由四种基本元素(模型对象)组成:数据流、处理、数据存储和外部项。

（1）数据流（Data Flow）

用箭头线表示。箭头描述数据的流向，箭头上标注的内容可以是信息说明或数据项。

（2）处理（Process）

表示对数据进行的加工和转换，在图中用圆角矩形或圆形表示。指向处理的数据流为该处理的输入数据，离开处理的数据流为该处理的输出数据。

（3）数据存储

表示用数据库形式（或者文件形式）存储的数据，在图中用开口矩形或者两条平行线表示。对其进行的存取分别以指向或离开数据存储的箭头表示。

（4）外部项

也称为数据源点或者数据终点。描述系统数据的提供者或者数据的使用者，如教师、学生、采购员、某个组织或部门或其他系统，在图中用正方形表示。

建立DFD图的目的是描述系统的功能需求，建立应用系统的功能模型。具体的建模过程及步骤如下。

（1）明确目标，确定系统范围

首先要明确目标系统的功能需求，并将用户对目标系统的功能需求完整、准确、一致地描述出来，然后确定模型要描述的问题域。虽然在建模过程中这些内容是逐步细化的，但必须自始至终保持一致、清晰和准确。

（2）建立顶层DFD图

顶层DFD图表达和描述了将要实现的主要功能，同时也确定了整个模型的内外关系，表达了系统的边界及范围，也构成了进一步分层细化的基础。

（3）构建0层DFD分解图

根据应用系统的逻辑功能，把顶层DFD图中的处理分解成多个更细化的处理。

（4）DFD进一步分解

对0层DFD分解图中的每个处理进行进一步分解，形成1层DFD图，以此类推。在分解图中要列出所有的处理及其相关信息，并要注意分解图中的处理与信息，包括父图中的全部内容。

（5）检查确认DFD图

按照以下规则检查和确定DFD图，以确保构建的DFD模型是正确的、一致的，且满足要求。

① 父图中描述过的数据流必须要在相应的子图中出现；

② 一个处理至少有一个输入流和一个输出流；

③ 一个存储必定有流入的数据流和流出的数据流；

④ 一个数据流至少有一端是处理端；

⑤ 模型图中表达和描述的信息是全面的、完整的、正确的和一致的。

经过以上过程与步骤后，顶层图被逐层细化，同时也把面向问题的术语逐渐转化为面向现实的解法，并得到最终的DFD层次结构图。层次结构图中的上一层是下一层的抽象，下一层是上一层的求精和细化，而最后一层中的每个处理都是面向一个具体的描述，即一个处理模块仅描述和解决一个问题。

3.2.2 数据字典

数据字典是关于数据的信息的集合，也就是对数据流图中包含的所有元素定义的集合。数据字典是结构方法的核心。数据字典有以下几个条目：数据项条目、数据结构条目、数据流条目、文件条目和加工条目。

数据字典各部分的描述如下。

（1）数据项：数据流图中数据块的数据结构中的数据项说明

数据项是不可再分的数据单位。对数据项的描述通常包括以下内容：

数据项描述＝{数据项名，数据项含义说明，别名，数据类型，长度，取值范围，取值含义，与其他数据项的逻辑关系}

其中"取值范围""与其他数据项的逻辑关系"定义了数据的完整性约束条件，是设计数据检验功能的依据。

若干个数据项可以组成一个数据结构。

（2）数据结构：数据流图中数据块的数据结构说明

数据结构反映了数据之间的组合关系。一个数据结构可以由若干个数据项组成，也可以由若干个数据结构组成，或由若干个数据项和数据结构混合组成。对数据结构的描述通常包括以下内容：

数据结构描述＝{数据结构名，含义说明，组成：{数据项或数据结构}}

（3）数据流：数据流图中流线的说明

数据流是数据结构在系统内传输的路径。对数据流的描述通常包括以下内容：

数据流描述＝{数据流名，说明，数据流来源，数据流去向，组成：{数据结构}，平均流量，高峰期流量}

其中"数据流来源"是说明该数据流来自哪个过程，即数据的来源。"数据流去向"是说明该数据流将到哪个过程去，即数据的去向。"平均流量"是指在单位时间（每天、每周、每月等）里的传输次数。"高峰期流量"则是指在高峰时期的数据流量。

（4）数据存储：数据流图中数据块的存储特性说明

数据存储是数据结构停留或保存的地方，也是数据流的来源和去向之一。对数据存储的描述通常包括以下内容：

数据存储描述＝{数据存储名，说明，编号，流入的数据流，流出的数据流，组成：{数据结构}，数据量，存取方式}

其中，"数据量"是指每次存取多少数据，每天（或每小时、每周等）存取几次等信息。"存取方法"包括是批处理，还是联机处理；是检索还是更新；是顺序检索还是随机检索等。

另外，"流入的数据流"要指出其来源，"流出的数据流"要指出其去向。

（5）处理过程：数据流图中功能块的说明

数据字典中只需要描述处理过程的说明性信息，通常包括以下内容：

处理过程描述＝{处理过程名，说明，输入：{数据流}，输出：{数据流}，处理：{简要说明}}

其中"简要说明"中主要说明该处理过程的功能及处理要求。功能是指该处理过程用来做什么（并不是怎么样做）；处理要求包括处理频度要求，如单位时间里处理多少事务，多少数据量,响应时间要求等,这些处理要求是后面物理设计的输入及性能评价的标准。

3.2.3　利用 Visio 进行 DFD 建模

绘制 DFD 方法 1

步骤 1:选择【软件】中的【数据流模型图】来进行 DFD 的绘制,首先选择基本元素。

步骤 2:绘制数据流,并为数据流命名,得到"订货系统"完整的顶层数据流图,如图 3-1 所示。

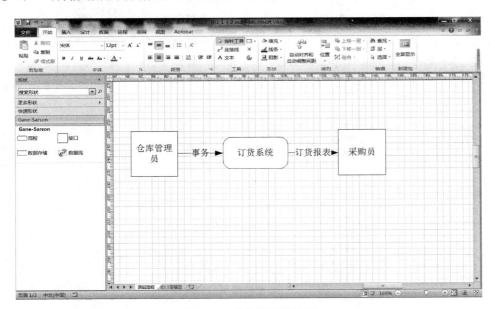

图 3-1　完整的顶层模型

步骤 3:绘制该顶层流图的细化 L1 层数据流图,如图 3-2 所示。

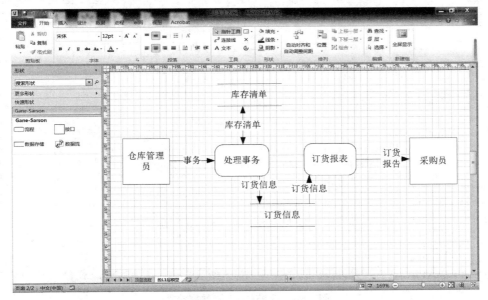

图 3-2　完整的 L1 层模型

绘制 DFD 方法 2

步骤 1：选择【新建】菜单中【流程图】中的【数据流图表】，进行基本模型的绘制，首先选择基本元素。

步骤 2：绘制数据流，形成完整的顶层数据流图，如图 3－3 所示。

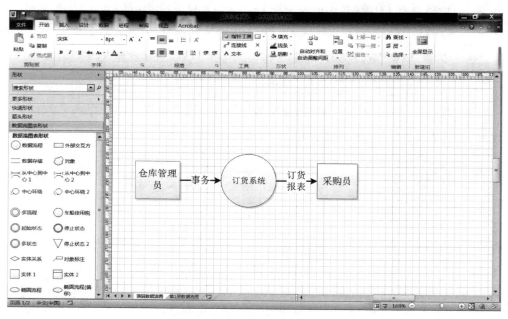

图 3－3　完整的顶层数据流图

步骤 3：绘制 L1 层数据流图，如图 3－4 所示。

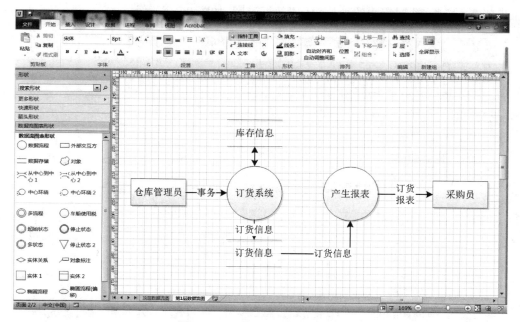

图 3－4　完整的 L1 层数据流图

3.2.4　利用 Visio 进行行为建模

选择【新建】菜单,然后点击【软件与数据库】,在【软件与数据库】界面,选择【UML 模型图】,在右侧点击【创建】,鼠标点住左侧【UML 状态图】中的初始状态、结束状态对象,并拖动到右侧的主窗口中,鼠标点住左侧【UML 状态图】中的状态对象,并拖动到右侧的主窗口中,鼠标点住左侧【UML 状态图】中的转换、转换(分叉)等对象,并拖动到右侧的主窗口中,并连接各个状态对象,形成基本的 UML 状态图,如图 3-5 所示。

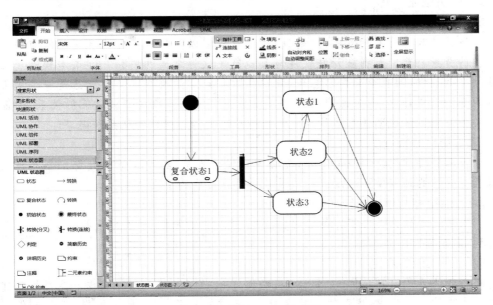

图 3-5　基本 UML 状态图

3.3　项目需求规格说明书编写说明

软件需求规格说明书的编制是为了使用户和软件开发者双方对该软件的初始规定有一个共同的理解,使之成为整个开发工作的基础。编制软件需求说明书的内容要求如下。

1　引言

1.1　编写目的

说明编写这份软件需求说明书的目的,指出预期的读者。

1.2　背景

说明:

a. 待开发的软件系统的名称;

b. 本项目的任务提出者、开发者、用户及实现该软件的计算中心或计算机网络;

c. 该软件系统同其他系统或其他机构的基本的相互来往关系。

1.3　定义

列出本文件中用到的专门术语的定义和外文首字母组词的原词组。

1.4 参考资料

列出用得着的参考资料,如:

a. 本项目的经核准的计划任务书或合同、上级机关的批文;

b. 属于本项目的其他已发表的文件;

c. 本文件中各处引用的文件、资料、包括所要用到的软件开发标准。列出这些文件资料的标题、文件编号、发表日期和出版单位,说明能够得到这些文件资料的来源。

2 任务概述

2.1 目标

叙述该项软件开发的意图、应用目标、作用范围以及其他应向读者说明的有关该软件开发的背景材料。解释被开发软件与其他有关软件之间的关系。如果本软件产品是一项独立的软件,而且全部内容自含,则说明这一点。如果所定义的产品是一个更大的系统的一个组成部分,则应说明本产品与该系统中其他各组成部分之间的关系,为此可使用一张方框图来说明该系统的组成和本产品同其他各部分的联系和接口。

2.2 用户的特点

列出本软件的最终用户的特点,充分说明操作人员、维护人员的教育水平和技术专长以及本软件的预期使用频度。这些是软件设计工作的重要约束。

2.3 假定和约束

列出进行本软件开发工作的假定和约束,例如经费限制、开发期限等。

3 需求规定

3.1 对功能的规定

用列表的方式(例如 IPO 表即输入、处理、输出表的形式),逐项定量和定性地叙述对软件所提出的功能要求,说明输入什么量、经怎样的处理、得到什么输出,说明软件应支持的终端数和应支持的并行操作的用户数。

3.2 对性能的规定

3.2.1 精度

说明对该软件的输入、输出数据精度的要求,可能包括传输过程中的精度。

3.2.2 时间特性要求

说明对于该软件的时间特性要求,如:

a. 响应时间;

b. 更新处理时间;

c. 数据的转换和传送时间;

d. 解题时间。

3.2.3 灵活性

说明对该软件的灵活性的要求,即当需求发生某些变化时,该软件对这些变化的适应能力,如:

a. 操作方式上的变化;

b. 运行环境的变化;

c. 同其他软件的接口的变化;

d. 精度和有效时限的变化;

e. 计划的变化或改进。

对于为了提供这些灵活性而进行的专门设计的部分应该加以标明。

3.3 输入输出要求

解释各输入输出数据类型,并逐项说明其媒体、格式、数值范围、精度等。对软件的数据输出及必须标明的控制输出量进行解释并举例,包括对硬拷贝报告(正常结果输出、状态输出及异常输出)以及图形或显示报告的描述。

3.4 数据管理能力要求

说明需要管理的文卷和记录的个数、表和文卷的大小规模,要按可预见的增长对数据及其分量的存储要求作出估算。

3.5 故障处理要求

列出可能的软件、硬件故障以及对各项性能而言所产生的后果和对故障处理的要求。

3.6 其他专门要求

如用户单位对安全保密的要求,对使用方便的要求,对可维护性、可补充性、易读性、可靠性、运行环境可转换性的特殊要求等。

4 运行环境规定

4.1 设备

列出运行该软件所需要的硬设备。说明其中的新型设备及其专门功能,包括:

a. 处理器型号及内存容量;

b. 外存容量、联机或脱机、媒体及其存储格式,设备的型号及数量;

c. 输入及输出设备的型号和数量,联机或脱机;

d. 数据通信设备的型号和数量;

e. 功能键及其他专用硬件。

4.2 支持软件

列出支持软件,包括要用到的操作系统、编译(或汇编)程序、测试支持软件等。

4.3 接口

说明该软件同其他软件之间的接口、数据通信协议等。

4.4 控制

说明控制该软件的运行的方法和控制信号,并说明这些控制信号的来源。

3.4 项目需求规格说明书实例

【C2C 电子商务平台项目需求规格说明书】

1 引言(略)

2 任务概述

2.1 目标

系统名为 C2C 电子商务交易平台,是使用 Java EE 与 MySQL 数据库开发的具有公益性质的 C2C 电子商城,首先该电子商城旨在为顾客提供便捷、高效、精准、齐全的一站式商品购买服务体验;为销售商提供销售渠道,广揽客户,有助于解决国内就业问题,缓解就业压力;同时该网站是一个公益性的网站,通过两种方式实现:一种是顾客可以将自己实用的闲置的物品通过 C2C 电子商务交易平台以一键捐赠的方式捐给贫困山区或者受灾地区;另一种是卖家在设置商品价格的时候可以自行设置一定比例的公益金,当完成一笔订单后,这笔公益金将会由平台代扣,再集中捐助给公益基金组织。为社会服务是本平台的最终目标,在为社会提供服务的同时,体现一个企业的社会价值,推动社会的健康发展。

2.2 用户的特点

系统的最终用户将分为前台用户(网上购物者,商品销售者),后台管理人员。前台用户只要求有基本的电脑操作知识,互联网知识即可。后台管理用户不仅要求了解基本的电脑操作知识,还需要熟练掌握 MySQL 管理员操作知识。能够在发生异常情况时,根据使用说明手册进行维护。

3 需求规定

3.1 对功能的规定

3.1.1 商城子系统功能分析

商城子系统功能需求如表 C-1 所示。

表 C-1 功能需求

功能	功能描述
商品展示	实现商品浏览、商品明细查看、商品分类检索功能
收藏夹	实现商品收藏、删除收藏功能
购物车商品管理	实现添加、删除商品,商品数量修改,清空购物车,下单结算功能
我的订单	实现订单确认、订单列表,删除订单,查询明细功能 a. 顾客可以通过组合搜索或者快速搜索查找所需要的商品,可以查看返回结果中商品具体信息,能够对该商品进行评论,如果用户暂时不想购买商品,可以把商品加入收藏夹,也可以加入购物车,会员可以查看自己的购物车,并对购物车的物品进行修改,生成订单 b. 顾客对自己以往的订单进行管理,包括查询,删除等
权限申请	实现买家申请卖家权限
商品捐赠	顾客将自己的历史订单中的闲置物品捐赠到平台联系好的贫困地区或受灾地区
个人信息管理	实现登入/登出,用户注册,信息修改功能

非会员可以通过注册成为网上购物系统会员;会员登录系统后,能够查看个人信息、购买商品、对商品进行评价;若会员忘记了自己的密码,可以通过注册时候填写的电话号码向系统提交更改密码的请求。

会员登录后,可以查看自己账号的相关信息,查看以往购买过的商品,个人信息汇总,修改个人信息,查看收藏夹,查看个人历史订单等信息。

信息反馈模块:该模块将实现对商品评价的管理。用户评价模块为卖家和用户之间建立起一个信息交流的平台,目的是及时得到用户对商品的满意程度。

维权投诉模块:当顾客权益受到侵害时,顾客可以通过此模块对商家进行投诉,平台收到投诉消息立即对商家进行处理。

3.1.2　卖家商品管理子系统功能分析

该子系统用于卖家对商品的管理,包括订单管理模块,商品管理模块。

订单管理模块:该模块将实现订单的查询和订单的处理,生成发货单,并将订单存入数据库以备用户查询和管理员的管理。

商品管理模块:该模块将实现商品入库和商品类型管理,主要完成以下任务:添加新的商品,向数据库中添加最新商品(可选择公益金),并在首页显示,以刺激消费者产生消费欲望;修改商品,修改商品价格、数量等;删除商品,将一些过期或受召回事件影响的商品下架,以免带来负面影响;查询商品,便于及时掌握商品信息。

3.1.3　后台管理子系统功能分析

该子系统主要实现用户信息管理、订单信息管理、商品信息审核、商品信息管理、商品评价管理、投诉信息管理以及卖家身份审核。

用户信息管理:对违规用户和举报商家进行管制,严重者注销其账号;

订单信息管理:当有用户对订单进行投诉时,管理员审核订单信息对商家进行处理;

商品信息审核:审核商家发布的商品是否有涉黄涉毒等违禁品;

商品信息管理:对违反平台规定的商品进行删除;

商品评价管理:平台管理员可以查看用户评价,对差评较多的商家进行管制;

投诉信息管理:接收来自顾客的投诉,对被投诉商家按平台规定进行处理;

卖家身份审核:接受来自买家的卖家身份申请,审核身份,判断是否给予通过。

3.2　数据模型——E-R图

系统主要实体包括:用户、订单、商品、收藏夹、管理员,实体的属性如图 C-1 所示,总体 E-R 图如图 C-2 所示。

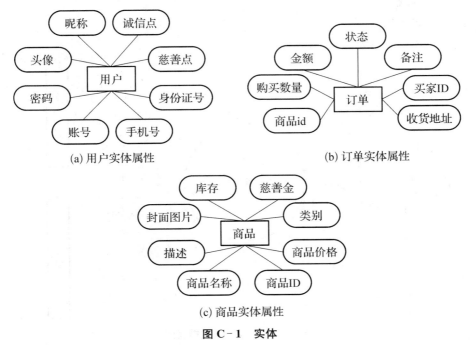

图 C-1　实体

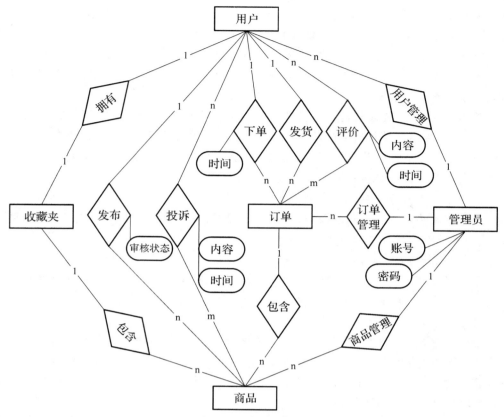

图 C-2 系统总体 E-R 图

3.3 功能模型

3.3.1 数据流图

系统顶层数据流图如图 C-3 所示。

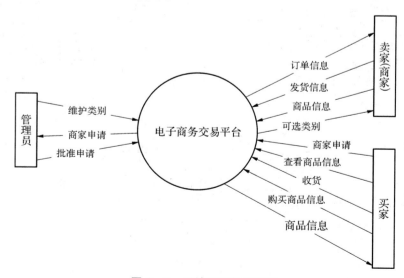

图 C-3 系统顶层数据流图

对顶层数据流图的加工进行分解,得到 0 层数据流图。

买家投诉的数据流如图 C-4 所示。

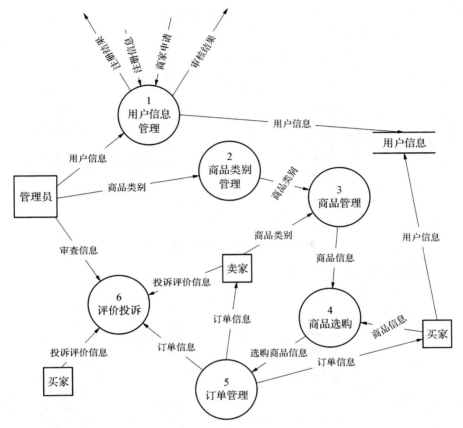

图 C-4 系统 0 层数据流图

对加工进行进一步细化,得到 1 层数据流图。

用户信息管理的数据流如图 C-5 所示。

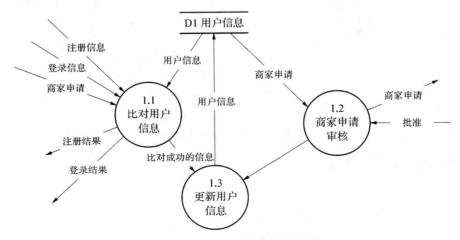

图 C-5 用户信息管理数据流图

商品类别管理的数据流图如图 C-6 所示。

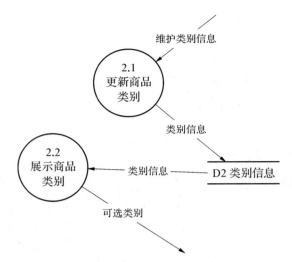

图 C-6　商品类别管理数据流图

商品管理数据流图如图 C-7 所示。

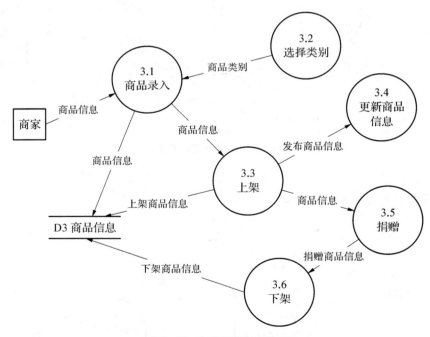

图 C-7　商品管理数据流图

选购商品数据流图如图 C-8 所示。

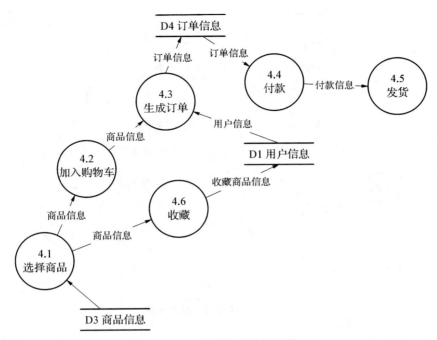

图 C-8　选购商品数据流图

订单管理数据流图如图 C-9 所示。

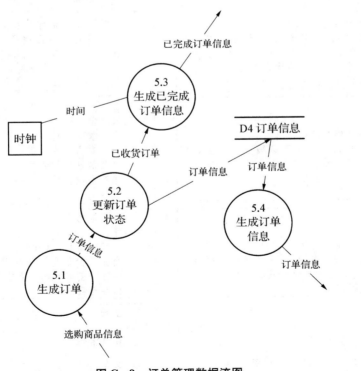

图 C-9　订单管理数据流图

评价投诉数据流图如图 C-10 所示。

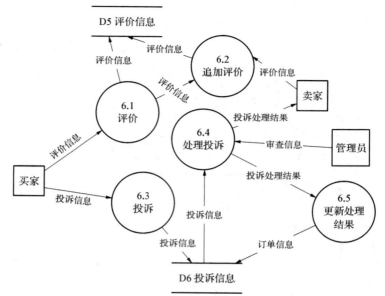

图 C-10　评价投诉数据流图

3.3.2　数据字典

部分数据字典如图 C-11 所示。

名字:用户信息
别名:用户
描述:用户登录的信息
定义:用户信息＝用户名＋用户密码＋用户头像＋用户昵称＋用户身份＋身份证号＋手机号＋慈善金＋诚信点＋是否为卖家
位置:保存至数据库

名字:商品信息
别名:商品
描述:用于描述商品的详细信息
定义:商品信息＝商品编号＋商品名称＋商品描述＋商品介绍＋商品图片＋商品类别＋商品价格＋商品库存＋商品公益金＋是否发布
位置:保存至数据库

名字:订单信息
别名:订单
描述:用于描述订单的详细信息
定义:订单信息＝订单号＋商品编号＋数量＋订单金额＋订单状态＋订单备注＋订单创建时间＋买家＋卖家地址
位置:保存至数据库

名字:收藏信息
别名:商品收藏信息
描述:买家对商品的收藏
定义:收藏信息＝收藏号＋商品编号＋买家
位置:保存至数据库

名字:投诉信息
别名:投诉
描述:买家投诉的详细信息
定义:投诉信息＝投诉编号＋买家账户＋投诉内容＋投诉信息创建时间＋投诉信息处理状态
位置:保存至数据库

名字:评价信息
别名:评价
描述:买家对商品的评价
定义:商品评价信息＝评价号＋商品编号＋评价内容＋创建时间＋卖家
位置:保存至数据库

名字:用户名
别名:用户账号
描述:用户唯一标志
定义:用户名＝20{字符}20
位置:用户信息

名字:密码
别名:
描述:登录密码
定义:
位置:密码＝6{字符}16
用户信息

图 C-11　数据字典

3.4　行为模型——状态转换图

　　下面通过状态转换图描绘系统各种状态以及状态之间转换的方式,指明作为外部事件结果的系统行为。

3.4.1　商城端

　　商城端主要的状态转换包括:买家投诉状态转换、商品收藏状态转换、个人信息管理状态转换、商品捐赠状态转换、购物车商品管理状态转换、订单查询及删除状态转换以及购买商品状态转换。如图 C-12 至图 C-18 所示。

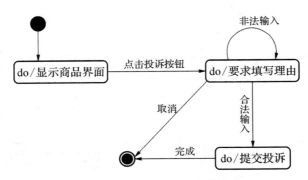

图 C-12　买家投诉状态转换图

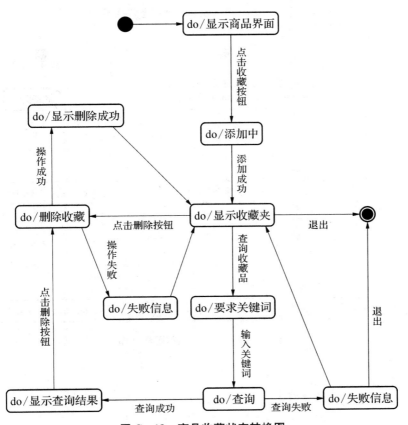

图 C-13　商品收藏状态转换图

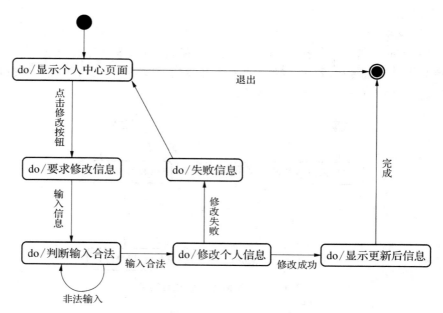

图 C‑14 个人信息管理状态转换图

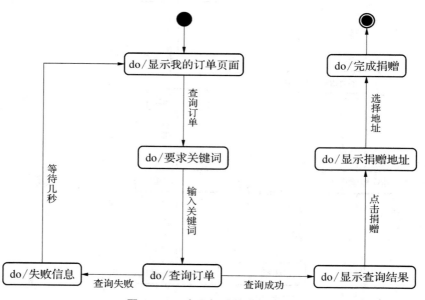

图 C‑15 商品捐赠状态转换图

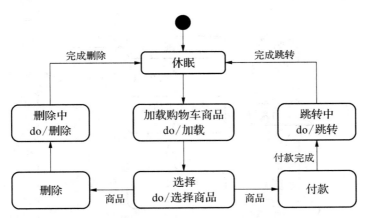

图 C - 16　购物车商品管理状态转换图

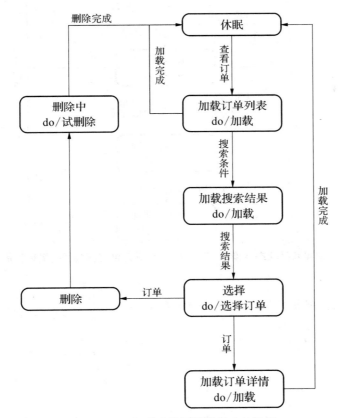

图 C - 17　订单查询及删除状态转换图

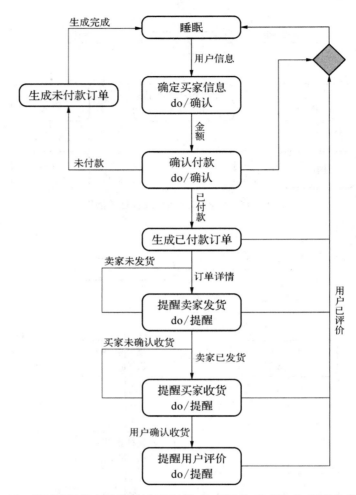

图 C‑18　购买商品状态转换图(包括付款、生成订单、卖家发货、买家收货,评论)

3.4.2　卖家端

卖家端的登录、注册状态转换如图 C‑19 所示。

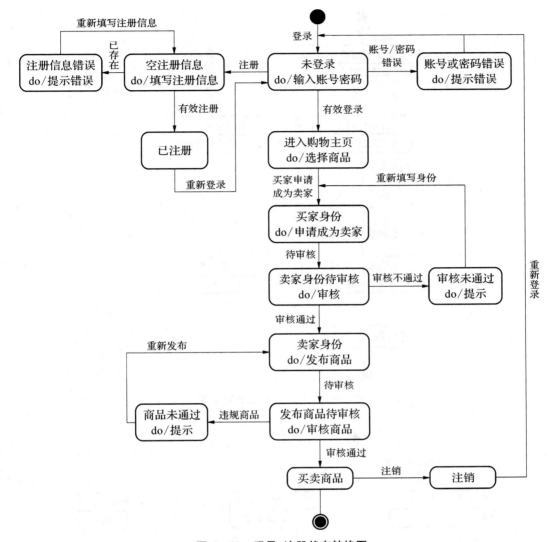

图 C - 19　登录、注册状态转换图

3.4.3　平台管理员后端

平台管理员后端主要的状态转换包括：商品审核状态转换、投诉和新商家审核状态转换。如图 C - 20、图 C - 21 所示。

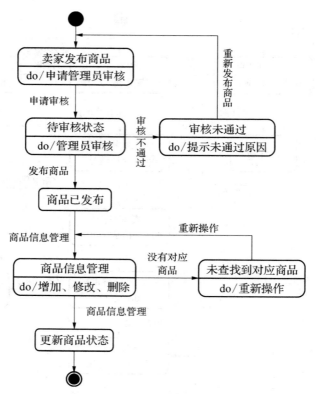

图 C - 20　商品审核状态转换图

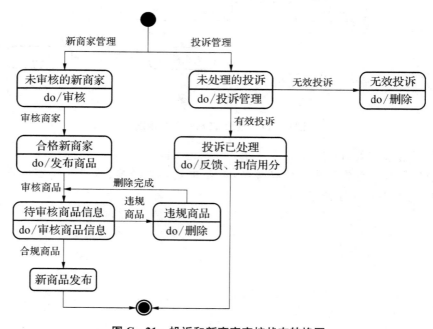

图 C - 21　投诉和新商家审核状态转换图

3.5 对性能的规定

3.5.1 精度

该系统中没有较高数据精度的特殊需要,所有的金额数目精确到分,日期精确到天,时间长度度量到每秒。数据在存储和传输过程中与输入保持一致。

3.5.2 时间特性要求

响应时间:用户输入的响应时间一般不超过5s,主要决定于网络传输速度。

更新处理时间:手动更新内容,当数据库内容被更新后,信息即时可用,当刷新网页时更新信息。

数据的转换和传送时间:数据转换速度大体取决于用户上网方式和网络的传输速度。

3.5.3 灵活性

运行环境的变化:基于 TCP/IP 协议,浏览器可以任选,Web 服务器进行更新时,对整个程序的结构没有影响。

同其他软件接口的变化:该系统为独立的系统,只要满足基本的软硬件需求,其他软件接口条件对该系统没有太大的影响。

精度和有效时限的变化:可以考虑在使用过程中系统软硬件升级问题。

计划的变化或改进:如果项目出现计划变化和改进,小组成员开会协调处理。

3.6 输入输出要求

查询某种商品信息,只需输入商品的部分名称,就可以完成有关商品的查询。管理信息时,使用表格的方式显示数据。

3.7 数据管理能力要求

根据市场调查和网上资料的搜索,目前一个网店系统的商品数量大体为 2 000 件,每个月平均 200 件新商品添加入数据库;会员数量平均为 500 人,每个月新增会员数为 100 人;平均每个会员每个月将生成一份订单,每份订单平均 3 条商品记录。但是随着互联网的普及以及网上购物的发展,数据量将会大幅增长,对于系统数据库的存储能力提出了较高的要求,为了做长远打算,有利于网店的发展,要求数据库有存储 20 万条以上记录的能力。一般的大型数据库应该可以胜任,如 DB2,ORACLE 等。但由于是学生课题项目,资源条件有所限制(如内存大小),该系统的开发采用了 MySQL 5.5 数据库。

3.8 故障处理要求

硬件故障:Web 服务器运行超负荷,网站链接发生问题,会员不能登录,如果经常发生类似问题,要考虑升级服务器。

软件故障:数据库管理系统出现故障,可能发生数据丢失,这就需要系统 DBA 切实做好数据备份工作,在数据库发生故障时,能够迅速地给予恢复,保证系统的正常运行。

3.9 其他专门要求

3.9.1 安全性

网上购物系统由于采用 B/S 的操作方式,要特别注意系统的安全性防护,Web 服务器的安全性不容轻视,必须设置防火墙和严格的身份审核制度,防止服务器被攻击。用户登录信息(如用户名,密码)应采用简单的加密方式进行传递,保护会员个人资料。其次,当访问相关网页的时候,服务器端应做用户验证,防止用户直接在地址栏中输入非法的链接地址进行越权的操作。

3.9.2 可维护性

整个系统的各个功能高度模块化，达到高内聚低耦合的目标，实现清晰的模块接口，明确每个模块的功能，方便以后的系统维护，确保如果一个功能模块出现问题，不会致使整个系统瘫痪。另外，有完整的数据库管理制度，以保证数据库的数据的完整性、安全性。作为Web项目，服务器端的管理维护异常重要，一定要保证程序有足够的并发性能。

4 运行环境规定

4.1 设备

服务器端

（1）处理器（CPU）：Intel i7 8 代

（2）内存容量（RAM）：16G

客户端

（1）处理器（CPU）：Intel i5 6 代

（2）内存容量（RAM）：4G

4.2 支持软件

数据库服务器端

（1）操作系统：Microsoft Windows10

（2）数据库管理系统：MySQL 5.7，配置 TCP/IP 协议

Web 服务器端

（1）操作系统：Microsoft Windows Server 2016

（2）Tomcat 8

（3）IntelliJ IDEA 2020

客户端

（1）操作系统：Windows 7 及以上

（2）Web 浏览器：Internet Explorer 5.0 以上或 Google Chrome 5.0 以上，配置 TCP/IP 协议主流浏览器

4.3 接口

硬件接口：考虑到大量数据的备份等要求，需要保持与磁盘阵列和光盘刻录机的接口，这较易实现。

软件接口：主要考虑软件与操作系统、数据库管理系统的接口以及局域网和互联网软件之间的数据交换。考虑到文档处理时有可能需要较常用的办公软件。例如 Microsoft Office 系列，所以应尽量实现它们之间的数据格式的自动转换。

用户接口：用户一般需要通过终端进行操作，进入主界面后点击相应的链接或功能按钮，分别进入相应的界面（如：输入界面，输出界面）。

4.4 控制

由于本系统采用目前的主流技术，对程序的运行和控制都没有特殊要求。

第4章

项目概要设计

4.1 概要设计任务

概要设计的主要任务是把需求分析得到的功能模型转换为软件结构和数据结构。设计软件结构的具体任务是将一个复杂系统按功能进行模块划分、建立模块的层次结构及调用关系、确定模块间的接口及人机界面等。数据结构设计包括数据特征的描述、确定数据的结构特性以及数据库的设计。显然，概要设计建立的是目标系统的逻辑模型，与计算机无关。概要设计遵循模块化、抽象与分解、信息屏蔽与局部化、模块独立、复用性设计原理。步骤如下：

1. 设计软件系统结构（简称软件结构）

为了实现目标系统，最终必须设计出组成这个系统的所有程序和数据库（文件），对于程序，则首先进行结构设计，具体为：

（1）采用某种设计方法，将一个复杂的系统按功能划分成模块。

（2）确定每个模块的功能。

（3）确定模块之间的调用关系。

（4）确定模块之间的接口，即模块之间传递的信息。

（5）评价模块结构的质量。

根据以上内容，软件结构的设计是以模块为基础的，在需求分析阶段，已经把系统分成层次结构。设计阶段，以需求分析的结果为依据，从实现的角度进一步划分为模块，并组成模块的层次结构。软件结构的设计是概要设计关键的一步，直接影响到下一阶段详细设计与编码的工作。软件系统的质量及一些整体特性都在软件结构的设计中决定。

2. 数据结构及数据库设计

对于大型数据处理的软件系统，除了控制结构的模块设计外，数据结构与数据库设计也是很重要的。

（1）数据结构的设计

逐步细化的方法也适用于数据结构的设计。在需求分析阶段，已通过数据字典对数据的组成、操作约束、数据之间的关系等方面进行了描述,确定了数据的结构特性,在概要设计阶段要加以细化,详细设计阶段则是规定具体的实现细节。在概要设计阶段,宜使用抽象的数据类型。

(2) 数据库的设计

数据库的设计指数据存储文件的设计,主要进行以下几方面设计:

① 概念设计。在数据分析的基础上,采用自底向上的方法从用户角度进行视图设计,一般用 E - R 模型来表示数据模型,这是一个概念模型。

② 逻辑设计。要结合具体的 DBMS 特征来建立数据库的逻辑结构,对于关系型的 DBMS 来说,将概念结构转换为数据模式、子模式并进行规范,要给出数据结构的定义,即定义所含的数据项、类型、长度及它们之间的层次或相互关系的表格等等。

③ 物理设计。对于不同的 DBMS,物理环境不同,提供的存储结构与存取方法各不相同。物理设计就是设计数据模式的一些物理细节,如数据项存储要求、存取方式、索引的建立。

3. 编写概要设计文档

文档主要有:

(1) 概要设计说明书。

(2) 数据库设计说明书,主要给出所使用的 DBMS 简介、数据库的概念模型、逻辑设计结果。

(3) 用户手册,对需求分析阶段编写的用户手册进行补充。

(4) 修订测试计划,对测试策略、方法、步骤提出明确要求。

4. 评审

对设计部分是否完整地实现了需求中规定的功能、性能等要求,设计方案的可行性,关键的处理及内外部接口定义正确性、有效性,各部分之间的一致性等等都逐一进行评审。

4.2 概要设计方法及建模工具

4.2.1 面向 DFD 设计方法

面向数据流的设计是以需求分析阶段产生的数据流图为基础,按一定的步骤映射成软件结构,因此又称结构化设计(Structured Design,SD)。该方法由美国 IBM 公司 L.Constantine和 E.Yourdon 等人于 1974 年提出,与结构化分析(SA)衔接,构成了完整的结构化分析与设计技术,是目前使用最广泛的软件设计方法之一。

从数据流推导出模块结构图一般有两种方法,分别为事务分析法和变换分析法。变换分析设计是一个顺序结构,由输入、变换和输出三部分组成,其工作过程有 3 步:取得数据、变换数据和给出数据。

事务分析设计是将它的输入流分离成许多发散的数据流,形成许多加工路径,并根据输入的值选择其中一个路径来执行。

面向 DFD 设计方法步骤:

（1）确定信息流的类型；

（2）划定流界；

（3）将数据流图映射为程序结构；

（4）提取层次控制结构；

（5）通过设计复审和使用启发式策略进一步精化所得到的结构。

数据流图的层次与结构图的层次存在一定的对应关系，但不能机械照抄。一般顶层数据流图对应最顶层模块，上层数据流图对应上层模块，下层数据流图对应下层模块。

4.2.2　利用 Visio 进行 SD 建模

软件结构图的绘制，选择【软件】中的【程序结构图】，绘制出如图 4-1 所示的软件结构。

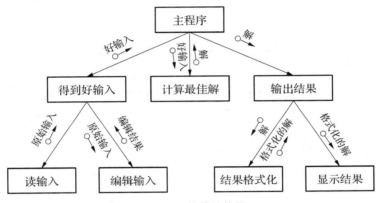

图 4-1　软件结构图

4.3　项目概要设计说明书编写说明

概要设计说明书又可称系统设计说明书，这里所说的系统是指程序系统。编制的目的是说明对程序系统的设计考虑，包括程序系统的基本处理流程、程序系统的组织结构、模块划分、功能分配、接口设计、运行设计、数据结构设计和出错处理设计等，为程序的详细设计提供基础。

概要设计说明书的编写提示如下。

1　引言

1.1　编写目的

说明编写这份概要设计说明书的目的，指出预期的读者。

1.2　背景

说明：

a. 待开发软件系统的名称；

b. 列出此项目的任务提出者、开发者、用户以及将运行该软件的计算站（中心）。

1.3　定义

列出本文件中用到的专门术语的定义和外文首字母组词的原词组。

1.4 参考资料

列出有关的参考文件,如:

a. 本项目的经核准的计划任务书或合同,上级机关的批文;

b. 属于本项目的其他已发表文件;

c. 本文件中各处引用的文件、资料,包括所要用到的软件开发标准。列出这些文件的标题、文件编号、发表日期和出版单位,说明能够得到这些文件资料的来源。

2 总体设计

2.1 需求规定

说明对本系统的主要的输入输出项目、处理的功能性能要求。

2.2 运行环境

简要地说明对本系统的运行环境(包括硬件环境和支持环境)的规定。

2.3 基本设计概念和处理流程

说明本系统的基本设计概念和处理流程,尽量使用图表的形式。

2.4 结构

用一览表及框图的形式说明本系统的系统元素(各层模块、子程序、公用程序等)的划分,扼要说明每个系统元素的标识符和功能,分层次地给出各元素之间的控制与被控制关系。

2.5 功能需求与程序的关系

可以用一张矩阵图说明各项功能需求的实现同各块程序的分配关系。

2.6 人工处理过程

说明在本软件系统的工作过程中不得不包含的人工处理过程(如果有的话)。

2.7 尚未解决的问题

说明在概要设计过程中尚未解决而设计者认为在系统完成之前必须解决的各个问题。

3 接口设计

3.1 用户接口

说明将向用户提供的命令和它们的语法结构以及软件的回答信息。

3.2 外部接口

说明本系统同外界的所有接口的安排,包括软件与硬件之间的接口、本系统与各支持软件之间的接口关系。

3.3 内部接口

说明本系统之内的各个系统元素之间的接口的安排。

4 运行设计

4.1 运行模块组合

说明对系统施加不同的外界运行控制时所引起的各种不同的运行模块组合,说明每种运行所历经的内部模块和支持软件。

4.2 运行控制

说明每一种外界的运行控制的方式方法和操作步骤。

4.3 运行时间

说明每种运行模块组合将占用各种资源的时间。

5 系统数据结构设计

5.1 逻辑结构设计要点

给出本系统内所使用的每个数据结构的名称、标识符以及它们之中每个数据项、记录、文卷和系的标识、定义、长度及它们之间的层次的或表格的相互关系。

5.2 物理结构设计要点

给出本系统内所使用的每个数据结构中的每个数据项的存储要求、访问方法、存取单位、存取的物理关系(索引、设备、存储区域)、设计考虑和保密条件。

5.3 数据结构与程序的关系

说明各个数据结构与访问这些数据结构的形式。

6 系统出错处理设计

6.1 出错信息

用一览表的方式说明每种可能的出错或故障情况出现时,系统输出信息的形式、含义及处理方法。

6.2 补救措施

说明故障出现后可能采取的变通措施,包括:

a. 后备技术

当原始系统数据万一丢失时启用的副本的建立和启动的技术,例如周期性地把磁盘信息记录到磁带上就是对于磁盘媒体的一种后备技术。

b. 降效技术

说明准备采用的后备技术,使用另一个效率稍低的系统或方法来求得所需结果的某些部分,例如一个自动系统的降效技术可以是手工操作和数据的人工记录。

c. 恢复及再启动技术

说明将使用的恢复再启动技术,使软件从故障点恢复执行或使软件从头开始重新运行的方法。

6.3 系统维护设计

说明为了系统维护的方便而在程序内部设计中作出的安排,包括在程序中专门安排用于系统的检查与维护的检测点和专用模块。各个程序之间的对应关系,可采用矩阵图的形式。

4.4 项目概要设计说明书实例

【C2C 电子商务平台项目概要设计说明书】

1 引言

(略)

2 总体设计

2.1 需求规定

通过系统的实施,实现具有公益性质的电子商务交易平台。系统分成三大模块:后台管理子系统、卖家商品管理子系统和商城系统。每个模块的功能包括:

买家:用户注册、用户登录、选择商品、买家申请卖家权限、购物车管理、订单管理、确认收货、商品收藏管理、查询商铺、投诉卖家、商品捐赠。

卖家:卖家登录、商品发货、商品管理、查看评价、回复评价。

管理员:管理员登录、用户信息管理、订单信息管理、新商品审核、商品信息管理、商品评价管理、投诉信息管理、卖家身份审核。

2.2 运行环境

(略)

2.3 处理流程和软件结构

2.3.1 处理流程

(1)后台数据处理流程

管理员登录:管理员输入账号密码→验证管理员账号信息

查询用户、商品、订单等信息:前台用户进行操作得到的数据→存入数据库→后台根据字段从数据库提取数据

买家申请成为卖家:前台买家提出申请→后台接受申请信息→判断买家信息→处理申请→修改用户身份

审核商品信息:前台卖家提出商品发布请求→后台收到卖家请求→判断商品是否通过→通过即发布,否则取消发布→修改数据库对应字段

投诉信息处理:前台买家投诉订单→后台收到投诉内容→核实投诉属实后,将惩罚结果发送给卖家→修改数据库中卖家诚信值

(2)卖家处理流程

卖家登录:卖家输入账号信息→验证卖家账号信息→成功跳转/提示错误信息

商品发布:填写商品信息→将商品信息存入数据库

商品信息修改:将商品信息从数据库调出→修改商品信息→将商品信息存入数据库

商品删除:将售空或过期商品从数据库删除

商品查找:搜索关键词查找商品信息→从数据库调出相关商品信息

商品发货:收到来自买家的订单信息→确认订单信息→商品发货→填写物流信息

查看商品评价:收到买家的评价信息→查看评价

买家注册:用户进入注册界面→填写相关信息→完成注册

(3)买家处理流程

买家登录:用户进入登录界面→输入账号密码→数据库匹配数据→登录成功/错误信息

买家申请卖家权限:用户完成登录→填写申请单→存入数据库

浏览商品:用户访问商城主界面→浏览商品→点击查看商品详情

查找商品:用户访问商城主界面→查询框输入商品名→数据库模糊查询所有符合条件商品—显示查询结果

加入购物车:用户完成登录→浏览到心仪商品→选择加入购物车

购物车商品管理:用户完成登录→进入我的购物车界面→删除/修改购物车内商品

商品下单:用户完成登录→进入购物车界面→点击下单→选择收货地址→付款→下单信息存入数据库

订单查询:用户完成登录→进入我的订单界面→输入订单号→数据库模糊查询所有复合条件的订单→显示查询结果

订单删除:用户完成登录→进入我的订单界面→选择需要删除的订单→删除→数据库修改

确认收货:用户完成登录→进入我的订单界面→点击确认收货→订单状态修改→数据库对应内容修改

订单评价:用户完成登录→进入我的订单界面→填写评价→存入数据库

卖家投诉:用户完成登录→投诉卖家按钮→填写理由→存入数据库

商品收藏:用户完成登录→选择心仪商品→点击收藏按钮→完成收藏

收藏管理:用户完成登录→进入我的收藏界面→浏览所有收藏信息→查询/删除收藏商品

个人信息管理:用户完成登录→进入个人中心界面→修改个人信息/修改头像→数据库对应内容修改

商品捐赠:用户完成登录→进入我的订单界面→查询想要捐赠的商品→点击捐赠按钮→完成捐赠

2.3.2　结构

电子商务交易平台可以分为三大子系统:商城子系统、卖家商品管理子系统和后台管理子系统。通过面向数据流的设计方法设计软件结构,并按照软件设计原则对软件结构进行优化,得到软件结构图 D-1 至图 D-4 所示。

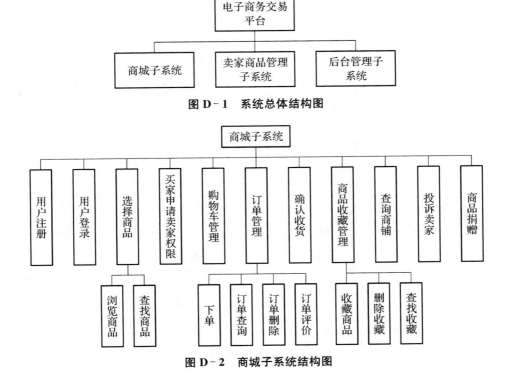

图 D-1　系统总体结构图

图 D-2　商城子系统结构图

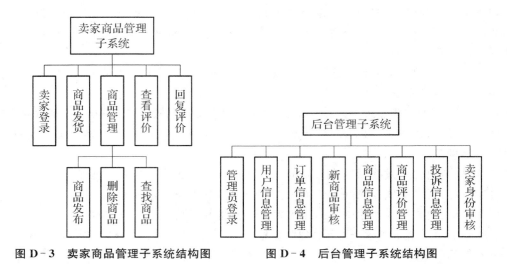

图 D-3　卖家商品管理子系统结构图　　　　图 D-4　后台管理子系统结构图

商城子系统、卖家商品管理子系统和后台管理子系统的功能模块描述如表 D-1 至表 D-3 所示。

表 D-1　商城子系统

功能	描　　述
用户注册	用于用户在电子交易平台注册账号,注册所需填写的信息包括账号、密码、身份证号、手机号
用户登录	用户通过账号和密码登录到商城子系统
选择商品	用于买家浏览、查找商品
买家申请卖家权限	用户申请成为卖家
购物车管理	买家加入商品到购物车,删除购物车中的商品
订单管理	买家对自己的订单进行查询、删除
确认收货	商品签收后,买家确认商品的收货
商品收藏管理	买家收藏商品、删除收藏商品
查询商铺	买家查询商铺
投诉卖家	买家对卖家进行投诉
商品捐赠	买家购买商品,将其捐赠

表 D-2　卖家商品管理子系统

功能	描　　述
卖家登录	卖家通过账户和密码登录到商品管理子系统
商品发货	卖家接收到订单信息,通过订单信息发送商品,并提示用户订单已发货
商品管理	卖家添加商品,删除已发布的商品以及查看并更改自己发布的商品的信息

续　表

功能	描　述
查看评价	卖家查看买家发布的对商品的评价
回复评价	卖家对买家发布的评价进行回复

表 D-3　后台管理子系统

功能	描　述
管理员登录	管理员通过账号和密码登录到后台管理子系统
用户信息管理	对用户的信息进行增删改查
订单信息管理	对订单的信息进行增删改查
新商品审核	对卖家发布的请求添加商品的信息进行审核
商品信息管理	对商品的信息进行增删改查
商品评价管理	对商品的评价信息进行管理
投诉信息管理	对买家的投诉信息进行审核，对卖家进行处理
卖家身份审核	对用户提交的成为卖家的请求进行审核

2.3.3　功能需求与程序的关系

表 D-4　功能需求与程序的关系

功能	后台管理子系统	商城子系统	卖家商品管理子系统
用户注册		√	
用户登录		√	
选择商品		√	
买家申请卖家权限		√	
购物车管理		√	
订单管理		√	
确认收货		√	
商品收藏管理		√	
查询商铺		√	
投诉卖家		√	
商品捐赠		√	
卖家登录			√
商品发货			√
商品管理			√

续　表

功能	后台管理子系统	商城子系统	卖家商品管理子系统
查看评价			√
回复评价			√
管理员登录	√		
用户信息管理	√		
订单信息管理	√		
新商品审核	√		
商品信息管理	√		
商品评价管理	√		
投诉信息管理	√		
卖家身份审核	√		

2.3.4　人工处理过程

（1）对新商品的审核；

（2）处理买家的投诉信息；

（3）用户信息的删除；

（4）订单信息的删除；

（5）商品信息的删除。

3　接口设计

3.1　用户接口

在登录窗口中,根据用户输入的信息进行权限的检测,以此进入相应的主界面。买家进入商城的主界面,可以进行一些购物操作,包括查询商品,收藏商品,购买商品,加入购物车,评价商品等等。卖家进入卖家商品管理子系统界面,对自己的商品进行删除或发布新商品等操作。管理员进入后台管理子系统,对用户信息、商品信息、投诉信息、订单信息、卖家审核信息进行处理。

3.2　外部接口

硬件接口:考虑到大量数据的备份等要求,需要保持与磁盘阵列和光盘刻录机的接口。

软件接口:主要考虑软件与操作系统、数据库管理系统的接口以及局域网和互联网软件之间的数据交换。考虑到文档处理时有可能需要常用的办公软件。例如 Microsoft Office 系列,所以应尽量实现它们之间的数据格式的自动转换。

3.3　内部接口

当用户登录时,其身份为权限的唯一标识。系统各个模块之间通过用户权限或商品编号进行模块间跳转连接。

4　运行设计

4.1　运行模块组合

本系统以一个页面为一个模块,一个页面完成一个特定的功能。主窗口通过打开子窗口来完成各个模块之间不同功能的连接与组合。各模块之间相对独立，移植性强，各模块通过传递数据，实现模块之间的合作与数据共享。各功能模块运行组合如表 D-5 所示。

表 D-5　功能运行组合

功能	运行组合
用户登录	用户登录模块
选择商品	用户登录模块→首页→点击商品
买家申请卖家权限	用户登录模块→申请卖家权限模块
用户注册	用户注册模块
购物车管理	用户登录模块→购物车模块→删除商品/下单
订单管理	用户登录模块→订单管理模块→删除/查看订单
确认收货	用户登录模块→确认收货模块→确认收货
商品收藏管理	用户登录模块→选择商品模块→收藏商品→商品收藏模块→删除/查看收藏商品
商品捐赠	用户登录模块→选择商品模块→点击商品→点击捐赠
卖家登录	用户登录模块
商品发货	用户登录模块→发送商品模块→发出商品
商品管理	用户登录模块→商品管理模块→管理商品
查看评价	用户登录模块→查看商品模块→点击商品→查看评价
管理员登录	用户登录模块
用户信息管理	用户登录模块→用户信息管理模块→用户信息管理
订单信息管理	用户登录模块→订单信息管理模块→订单信息管理
新商品审核	用户登录模块→商品审核模块→审核商品
商品信息管理	用户登录模块→商品信息管理模块→管理商品
商品评价管理	用户登录模块→评价管理模块→评价管理
投诉信息管理	用户登录模块→投诉信息模块→处理投诉信息
卖家身份审核	用户登录模块→卖家身份审核模块→审核信息

4.2　运行控制

各功能模块运行控制方式如表 D-6 所示。

表 D-6　运行控制

功能	方式	步　骤
用户登录	人工	输入账号、密码、验证码→点击登录
选择商品	人工	首页→查看商品→点击商品

续　表

功能	方式	步　骤
买家申请卖家权限	人工	买家登录→申请卖家权限→提交申请信息
用户注册	人工	登录界面→点击注册→填写个人信息→点击提交
购物车管理	人工	买家登录→点击购物车→下单/清空/删除
订单管理	人工	买家登录→点击订单→查询订单
确认收货	人工	买家登录→点击订单→确认收货
商品收藏管理	人工	买家登录→选择商品→收藏商品→商品收藏模块→删除/查看收藏商品
商品捐赠	人工	买家登录→选择商品模块→点击商品→点击捐赠
卖家登录	人工	卖家登录
商品发货	人工	卖家登录→发送商品→发出商品
商品管理	人工	卖家登录→个人商品→管理商品
查看评价	人工	卖家登录→个人商品→点击商品→查看评价
管理员登录	人工	管理员登录
用户信息管理	人工	管理员登录→点击用户信息→用户信息管理
订单信息管理	人工	管理员登录→点击订单信息→订单信息管理
新商品审核	人工	管理员登录→点击商品审核→审核商品
商品信息管理	人工	管理员登录→点击商品信息→管理商品
商品评价管理	人工	管理员登录→点击评价管理→评价管理
投诉信息管理	人工	管理员登录→点击投诉信息→处理投诉信息
卖家身份审核	人工	管理员登录→点击卖家身份→审核信息

4.3　运行时间

管理员功能模块运行时间最长,控制在 100 ms 以内;买家其次,控制在 60 ms 以内;卖家最短,控制在 30 ms 以内。各功能模块占用资源时间如表 D-7 所示。

表 D-7　功能运行组合

功能	占用资源时间
用户登录	30 ms
选择商品	60 ms
买家申请卖家权限	50 ms
用户注册	60 ms
购物车管理	50 ms

功能	占用资源时间
订单管理	40 ms
确认收货	30 ms
商品收藏管理	50 ms
商品捐赠	60 ms
卖家登录	30 ms
商品发货	20 ms
商品管理	10 ms
查看评价	10 ms
管理员登录	30 ms
用户信息管理	80 ms
订单信息管理	90 ms
新商品审核	60 ms
商品信息管理	80 ms
商品评价管理	90 ms
投诉信息管理	50 ms
卖家身份审核	30 ms

5　系统数据结构设计

5.1　逻辑结构设计要点

用户信息表(用户 ID,用户账号,用户密码,用户头像,用户昵称,用户身份,身份证,手机号,慈善金,诚信点,是否为卖家)

商品信息表(商品 ID,商品名称,商品描述,商品介绍,商品图片,商品类别,商品价格,商品库存,商品公益金,商品是否发布)

订单信息表(订单 ID,商品 ID,购买商品数量,订单金额,订单状态,订单备注,订单创建时间,买家 ID,卖家地址)

卖家投诉信息表(投诉 ID,买家账户,投诉内容,投诉信息创建时间,投诉信息处理状态)

商品评价信息表(评价 ID,商品 ID,评价内容,创建时间,卖家 ID)

广告信息表(广告 ID,广告主标题,广告次标题,广告图片,广告 URL)

用户地址信息表(地址 ID,用户 ID,地址内容)

5.2　数据结构与程序的关系

数据结构为关系型数据库,在程序运行时可以用 SQL 语句与数据库进行交互,交互过程采用通用的数据访问接口。为了保持良好的数据架构,对数据库访问采用 DAO 模式,提高维护性和可扩展性。数据结构与程序的关系如表 D-8 至表 D-10 所示。

表 D-8 商城子系统

表名	用户登录	选择商品	买家申请卖家权限	用户注册	购物车管理	订单管理	确认收货	商品收藏管理	查询商品	投诉卖家	商品捐赠
用户信息表	√			√							
商品信息表		√			√			√	√		√
订单信息表							√				
买家投诉信息表										√	
商品评价信息表							√				
广告信息表		√									
用户地址信息表		√					√				

表 D-9 卖家商品管理子系统

表名	卖家登录	商品发货	商品管理	查看评价
用户信息表	√			
商品信息表		√	√	
订单信息表		√		
买家投诉信息表				
商品评价信息表			√	√
广告信息表				
用户地址信息表		√		

表 D-10 后台管理子系统

表名	管理员登录	用户信息管理	订单信息管理	新商品审核	商品信息管理	商品评价管理	投诉信息管理	卖家身份审核
用户信息表	√	√						√
商品信息表				√	√			
订单信息表			√					
买家投诉信息表							√	
商品评价信息表						√		
广告信息表								
用户地址信息表			√					

6 系统出错处理设计

6.1 出错信息

采用错误提示窗口向用户提示错误,并友好地处理错误。系统出错信息设计如表

D-11 所示。

表 D-11　出错信息

出错或故障情况	输出信息的形式	处理方式
注册的用户名已存在	表单内部红字提示	数据库内数据校验
用户名格式出错	表单内部红字提示	内部异常处理
密码格式出错	表单内部红字提示	内部异常处理
两次密码不相同	弹窗	重新输入
验证码输入错误	表单内部红字提示	内部异常处理
账号不存在	表单内部红字提示	数据库校验
密码输入错误	表单内部红字提示	数据库校验
验证码输入错误	表单内部红字提示	内部异常处理

6.2　补救措施

定期建立数据库备份,一旦服务器数据库被破坏,可以使用最近的一份数据库副本进行还原。

为防止服务器故障,预备另外一台服务器,只要主服务器出现故障,可以迅速启动预备服务器运行系统。

6.3　系统维护设计

(1) 基础数据维护:对于一些基础数据,由管理员进行维护。

(2) 数据库备份和恢复:利用 MySQL 自身提供的备份和恢复功能实现。

(3) 系统升级维护:根据用户使用反馈,筛选用户提出的维护要求,对于合理的要求予以采纳,并安排人员对系统进行修改和完善。

正常运行时,系统会自动备份数据库,以防数据丢失,当系统出现数据丢失的状况的时候可以使用备份的数据进行修复,当因系统崩溃导致无法使用时,可以使用备份的系统。

第5章

项目数据库设计

5.1 数据库设计过程与任务

5.1.1 数据库设计概述

数据库设计是指对于一个给定的应用环境,构造(设计)优化的数据库逻辑模式和物理结构,并据此建立数据库及其应用系统,使之能够有效地存储和管理数据,满足各种用户的应用需求。

数据库设计分为需求分析、概念结构设计、逻辑结构设计、物理结构设计、数据库实施、数据库运行和维护等六个阶段,其中需求分析和概念设计独立于任何数据库管理系统,逻辑设计和物理设计与选用的数据库管理系统密切相关。

设计一个完善的数据库应用系统往往是上述六个阶段的不断反复,这个设计步骤既是数据库设计的过程,也包括了数据库应用系统的设计过程。把数据库的设计和对数据库中数据处理的设计紧密结合起来,将这两个方面的需求分析、抽象、设计、实现在各个阶段同时进行,相互参照,相互补充,以完善两方面的设计。

需求分析就是分析用户的要求,是设计数据库的起点,结果是否准确地反映了用户的实际要求,将直接影响到后面各个阶段的设计,并影响到设计结果是否合理和实用,需求分析阶段的主要成果是一组数据流图和数组字典,在第 3 章已经进行了阐述,在此不再赘述。

概念结构设计是将需求分析得到的用户需求抽象为信息结构(即概念模型)的过程。概念模型具有能真实、充分地反映现实世界,易于理解,易于更改以及易于向关系模型转换等特点,描述概念模型的有力工具就是 E−R 图。在第 4 章已经做了阐述。本章重点介绍逻辑设计和物理设计部分,后面部分在第 6 章阐述。

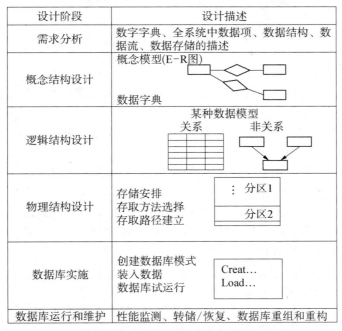

图 5-1　数据库设计各个阶段的数据设计描述

5.1.2　数据库逻辑设计

逻辑结构设计的任务就是把概念结构设计阶段设计好的基本 E-R 图转换为与选用数据库管理系统产品所支持的数据模型相符合的逻辑结构。

E-R 图由实体型、实体的属性和实体型之间的联系三个要素组成,而关系模型的逻辑结构是一组关系模式的集合。将 E-R 图转换为关系模型就是将实体型、实体的属性和实体型之间的联系转化为关系模式,具体转换原则如下。

1. 一个实体型转换为一个关系模式

关系的属性:实体的属性。

关系的码:实体的码。

2. 实体型间的联系有以下不同情况

(1) 一个 1:1 联系可以转换为一个独立的关系模式,也可以与任意一端对应的关系模式合并

① 转换为一个独立的关系模式

关系的属性:与该联系相连的各实体的码以及联系本身的属性。

关系的候选码:每个实体的码均是该关系的候选码。

② 与某一端实体对应的关系模式合并

合并后关系的属性:加入对应关系的码和联系本身的属性。

合并后关系的码:不变。

(2) 一个 1:n 联系可以转换为一个独立的关系模式,也可以与 n 端对应的关系模式合并

① 转换为一个独立的关系模式

关系的属性：与该联系相连的各实体的码以及联系本身的属性。

关系的码：n 端实体的码。

② 与 n 端对应的关系模式合并

合并后关系的属性：在 n 端关系中加入 1 端关系的码和联系本身的属性。

合并后关系的码：不变。

可以减少系统中的关系个数，一般情况下更倾向于采用这种方法。

（3）一个 $m:n$ 联系转换为一个关系模式

关系的属性：与该联系相连的各实体的码以及联系本身的属性。

关系的码：各实体码的组合。

（4）三个或三个以上实体间的一个多元联系转换为一个关系模式

关系的属性：与该多元联系相连的各实体的码以及联系本身的属性。

关系的码：各实体码的组合。

（5）具有相同码的关系模式可合并

目的：减少系统中的关系个数。

合并方法：将其中一个关系模式的全部属性加入另一个关系模式中；然后去掉其中的同义属性（可能同名也可能不同名）；适当调整属性的次序。

需要注意以下几点：

● 一般的数据模型还需要向特定数据库管理系统规定的模型进行转换。

● 转换的主要依据是所选用的数据库管理系统的功能及限制，没有通用规则。

● 对于关系模型来说，这种转换通常都比较简单。

● 数据库逻辑设计的结果不是唯一的。

● 得到初步数据模型后，还应该适当地修改、调整数据模型的结构，以进一步提高数据库应用系统的性能，这就是数据模型的优化。

● 关系数据模型的优化通常以规范化理论为指导。

5.1.3　数据库物理设计

1. 什么是数据库的物理设计？

（1）数据库在物理设备上的存储结构与存取方法称为数据库的物理结构，它依赖于选定的数据库管理系统。

（2）为一个给定的逻辑数据模型选取一个最适合应用要求的物理结构的过程，就是数据库的物理设计。

2. 数据库物理设计的步骤

（1）确定数据库的物理结构：在关系数据库中主要指存取方法和存储结构。

（2）对物理结构进行评价：评价的重点是时间和空间效率。

（3）若评价结果满足原设计要求，则可进入到物理实施阶段。否则，就需要重新设计或修改物理结构，有时甚至要返回逻辑设计阶段修改数据模型。

3. 数据库物理设计的内容和方法

（1）设计物理数据库结构的准备工作

● 充分了解应用环境,详细分析要运行的事务,以获得选择物理数据库设计所需参数。

● 充分了解所用关系型数据库管理系统的内部特征,特别是系统提供的存取方法和存储结构。

● 选择物理数据库设计所需参数,要参考事务的不同类型以及事务在各关系上运行的频率和性能要求。

（2）关系数据库物理设计的内容

● 为关系模式选择存取方法（建立存取路径）。

● 设计关系、索引等数据库文件的物理存储结构。

（3）关系模式存取方法选择

● 数据库系统是多用户共享的系统,对同一个关系要建立多条存取路径才能满足多用户的多种应用要求。

● 物理结构设计的任务之一是根据关系数据库管理系统支持的存取方法确定选择哪些存取方法。

● 主要有 B+树存取方法、HASH 存取方法和聚簇存取方法等。

4. 确定数据库的存储结构

（1）确定数据库物理结构主要指确定数据的存放位置和存储结构,包括:确定关系、索引、聚簇、日志、备份等的存储安排和存储结构,确定系统配置等。

（2）确定数据的存放位置和存储结构要综合考虑存取时间、存储空间利用率和维护代价三个方面的因素。

5.2　数据库建模工具

建模就是建立模型,无论是需求分析、概要设计、详细设计和测试,都存在一个软件模型问题,都需要建模。在什么时候建模和建立什么模型,这是建模方法学问题。用什么建模工具,这是建模的具体操作问题。21 世纪主要有 Sybase PowerDesigner、IBM Rational Rose、Computer Associates 的 ERWin 等建模工具。Sybase PowerDesigner 一花独秀,经过近 30 年的发展,已经在原有的数据建模的基础上,形成一套集成化企业级建模解决方案。Sybase PowerDesigner 的应用领域宽、普及面广、应用时间长,也比较成熟,因此,它是 IT 企业常用的 CASE 工具,常用来解决数据库建模的实际问题。

5.2.1　PowerDesigner 概述

PowerDesigner 适合传统数据库建模、使用 UML 的应用程序建模和业务流程建模,支持主流应用程序开发平台（如 Java EE、Microsoft .NET、Web Services 和 PowerBuilder、Eclipse 等）以及流程执行语言（如 ebXML 和 BPEL4WS）。本节以 PowerDesigner 16.5 版本为背景,来介绍它的功能、界面和使用方法。

PowerDesigner 16.5 中常用的四个模块:

（1）业务流程处理模块,用于业务流程图 BPM 的设计。

（2）概念数据模型处理模块,用于概念数据模型 CDM 的设计。

（3）物理数据模型处理模块，用于物理数据模型 PDM 的设计，即完成数据库的详细设计，包括数据库建表、建索引、建视图、建存储过程、建触发器等项功能。

（4）面向对象模型（Object-Oriented Model，OOM）处理模块，它用于面向对象的逻辑模型设计，能够完成程序框图设计，生成的源代码框架可以为编码阶段提供帮助。

5.2.2 PowerDesigner 的安装与启动

1. PowerDesigner 的安装

PowerDesigner 16.5 安装程序采用了目前流行的 Installshield 安装界面，只要运行光盘中的 Setup.exe 文件，按照向导提示就可以安装成功，如图 5-2 所示。

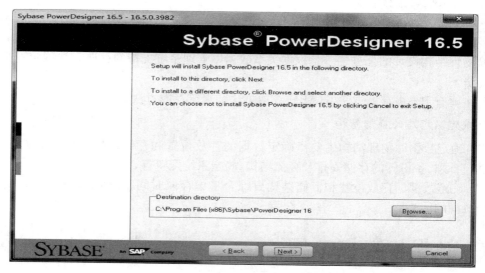

图 5-2 PowerDesigner 的安装界面

（1）安装路径选择。在如图 5-2 所示的安装界面中，点击【Browse】按钮就可以选择 PowerDesigner 的安装路径。

（2）功能模块安装选择。如图 5-3 所示，为功能模块的选择界面，可以根据自己的需求选择所要安装的模块。在某一功能模块上点击鼠标左键，在右方的 Description 文本框中会显示相应功能模块的描述。

（3）正式安装前检查的设置。如图 5-4 所示，在 Current Settings 文本框中列出了具体的安装选项，如果发现错误要重新设置，点击【Back】按钮，对之前配置重新设置。如果设置正确，点击【Next】按钮，进入正式安装。

（4）安装完毕后点击【Finish】，完成整个安装过程，如图 5-5 所示。

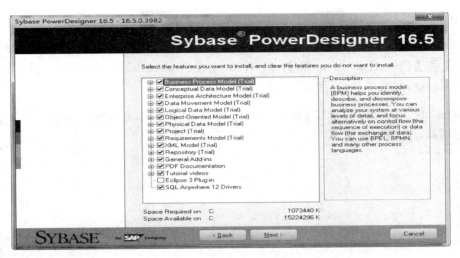

图 5 - 3 功能模块安装选择界面

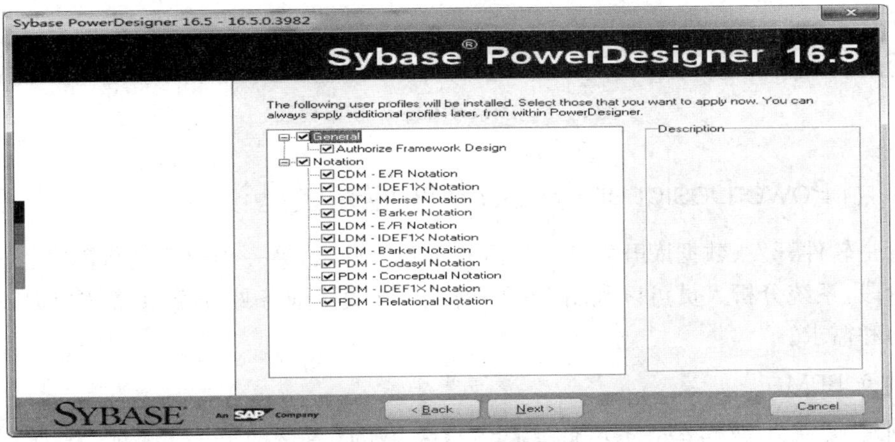

图 5 - 4 检查安装设置界面

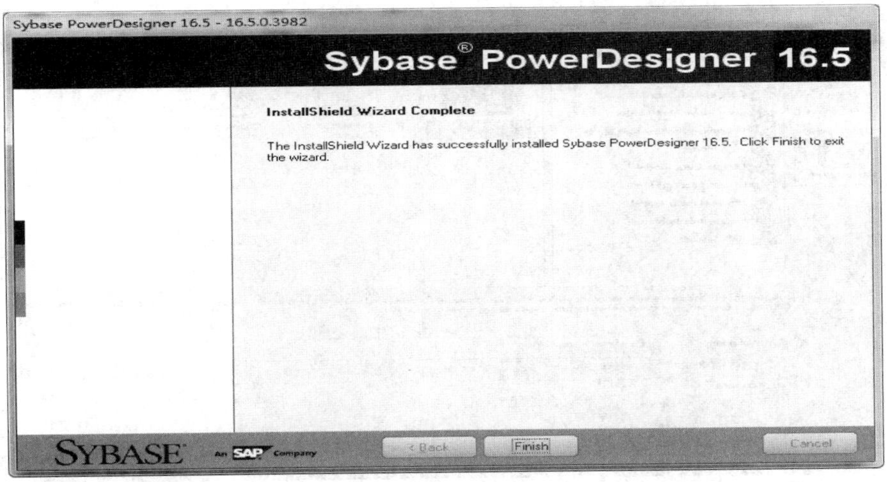

图 5 - 5 安装完成界面

2. PowerDesigner 的启动

PowerDesigner 安装完毕后,点击 Windows 的【开始】菜单,然后依次选择【程序】【Sybase】和【PowerDesigner 16】,最后单击【PowerDesigner】图标,就可以启动 PowerDesigner,如图 5-6 所示。

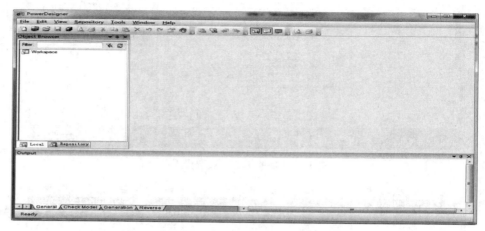

图 5-6 PowerDesigner 初始界面

5.2.3 用 PowerDesigner 进行数据库业务模型设计

不管是软件开发、数据库开发还是信息管理系统开发,第一步都要进行需求分析。在需求分析阶段,系统分析人员可以利用 PowerDesigner 提供业务处理模型(简称 BPM)描述系统的行为和需求。

1. 建立 BPM

要创建业务处理模型,首先打开【File】菜单的【New Model】选项,选择【Business Process Model】,如图 5-7 所示。

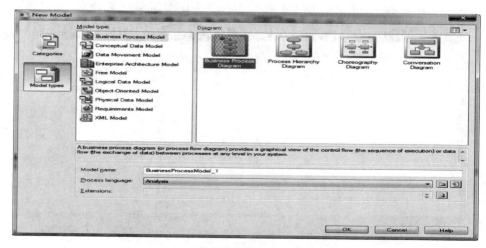

图 5-7 建立 BPM

在这里我们创建业务处理流程图(简称 BPD),按图 5-7 所示设置。在 Model Name 选项中,Business Process Diagram 表示创建一个业务处理流程图,它用控制流、数据流等表示过程中的交互作用。在 Process Language 选项中,Analysis 表示 BPD 不包含任何的执行细节,可以作为面向对象分析时的输入文档。

设置完毕后点击【确认】按钮完成 BPD 的创建。在创建 BPD 完后,界面如图 5-8 所示,图右侧的 Palette 工具框包含了绘制 BPD 所需要的各种对象,大家可以使用这些对象来描述系统需求。

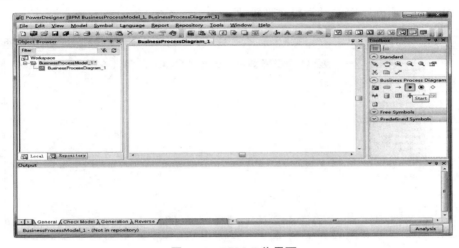

图 5-8　BPM 工作界面

2. 创建起点

创建起点的步骤:

(1) 在工具栏中点击【 ● 】(Start)图标,在 BPM 工作区中点击鼠标左键,在点击处会建立一个起点图形符号。点击鼠标右键使光标恢复箭头状。

(2) 双击起点图形符号,打开起点属性窗口,如图 5-9 所示。

图 5-9　"起点属性"窗口

（3）修改起点属性窗口内容，其中 Name 为起点名称，Code 为起点代码，Comment 为起点注释。

（4）点击【确认】按钮，完成修改。

由于在默认状态下，BPM 中没有显示起点的名称。如果希望在 BPM 中显示起点的名称，可以通过以下方法实现，如图 5－10 所示。

① 选择【Tools】菜单中的【Display Preferences】选项，打开显示参数窗口。

② 在左侧 Category 目录树中选择【General Settings】，点击【Start】，然后在右侧对话框中，选中 Name 选项。后面的元素可类似处理。

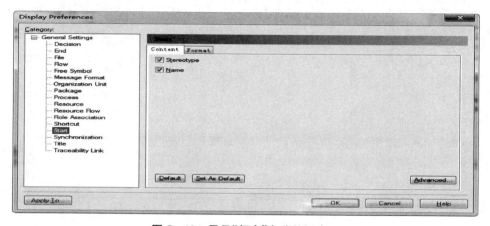

图 5－10　显示"起点"名称处理窗口

3. 定义处理过程

创建处理过程步骤：

（1）在【Palette】工具栏中选择【 ⬭ 】（Process）图标，在 BPM 工作区点击鼠标左键，在点击位置新建了一个处理过程图形符号。点击鼠标右键使光标恢复箭头状。

（2）双击处理过程图形符号，打开处理过程属性窗口，如图 5－11 所示。

图 5－11　"处理过程属性"窗口

（3）修改处理过程属性窗口内容，其中 Name 为处理过程名称，Code 为处理过程代码，Comment 为处理过程的注释，Timeout 为处理延时，Duration 为持续时间。

（4）点击【确认】按钮，完成修改。

4. 定义资源

定义资源具体步骤：

（1）在工具栏中点击【▤】（Resource）图标，在 BPM 工作区中点击鼠标左键，在点击处会建立一个资源图形符号。点击鼠标右键使光标恢复箭头状。

（2）双击资源图形符号，打开资源属性窗口，如图 5－12 所示。

（3）修改资源属性窗口内容，其中 Name 为资源名称，Code 为资源代码，Comment 为资源注释。

（4）点击【确认】按钮，完成修改。

图 5－12　"资源属性"窗口

5. 定义判定分支

定义判定分支具体步骤：

（1）在工具栏中点击【◇】（判定分支）图标，在 BPM 工作区中点击鼠标左键，在点击处会建立一个判定分支的图形符号。点击鼠标右键使光标恢复箭头状。

（2）双击判定分支图形符号，打开判定分支属性窗口，如图 5－13 所示。

（3）修改判定分支属性窗口内容，其中 Name 为判定分支名称，Code 为判定分支代码，Comment 为判定分支注释。

（4）点击【确认】按钮，完成修改。

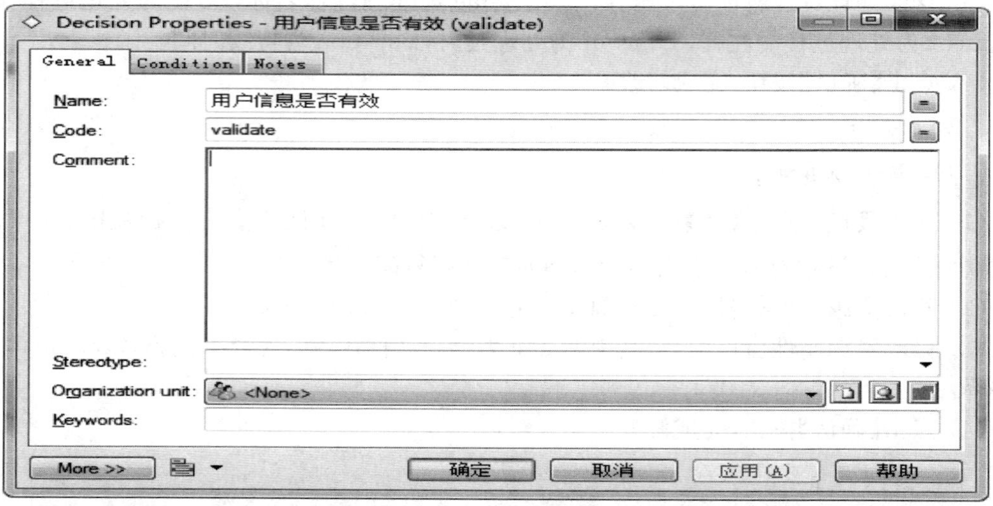

图 5‑13　"判定分支属性"窗口

6. 定义终点

定义终点具体步骤：

（1）在工具栏中点击【◉】(End)图标，在 BPM 工作区中点击鼠标左键，在点击处会建立一个终点的图形符号。点击鼠标右键使光标恢复箭头状。

（2）双击终点图形符号，打开终点属性窗口，如图 5‑14 所示。

（3）修改终点属性窗口内容，其中 Name 为终点名称，Code 为终点代码，Comment 为终点注释，Type 为终点类型。

（4）点击【确认】按钮，完成修改。

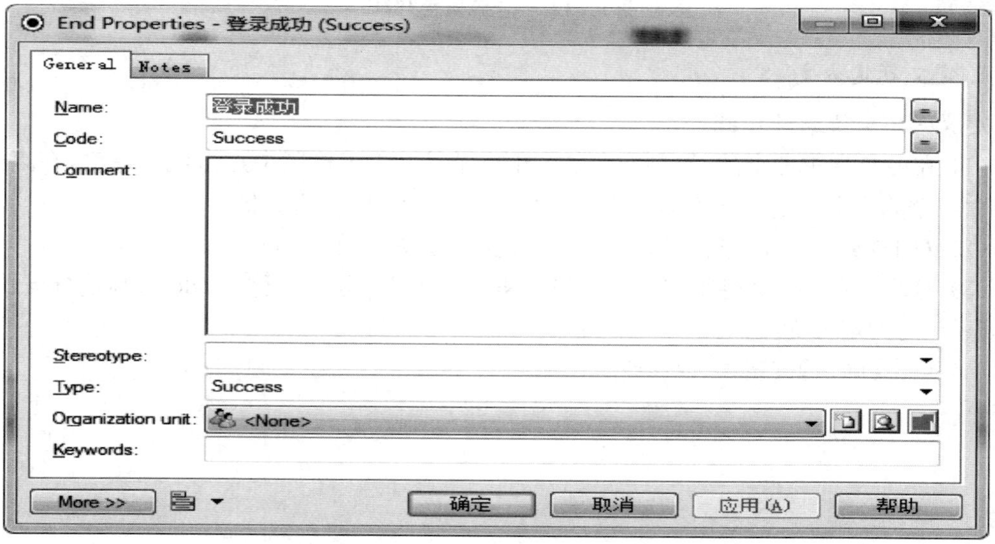

图 5‑14　"终点属性"窗口

7.定义流程

定义流程具体步骤:

(1)在工具栏中点击【→】(Flow/Resource Flow)图标,在流程图中起始处理过程内单击鼠标左键并拖动鼠标至第二个处理过程。两个处理过程间会增加一个流程的图形符号。点击鼠标右键使光标恢复箭头状。

(2)双击流程图形符号,打开流程属性窗口,如图 5-15 所示。

(3)修改流程属性窗口内容,其中 Name 为流程名称,Code 为流程代码,Comment 为流程注释,Source 为流程流出处,Destination 为流程流入处,Flow type 为流程的类型。

(4)点击【确认】按钮,完成修改。

图 5-15　"流程属性"窗口

在创建了以上对象元素的基础上,我们建立了"图书馆管理系统"中"读者登录"模块的业务流程图,如图 5-16 所示。

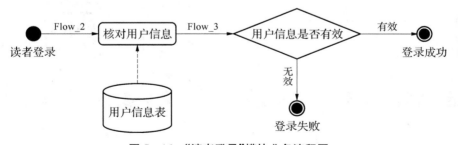

图 5-16　"读者登录"模块业务流程图

5.2.4　用 PowerDesigner 进行数据库概念模型设计

概念数据模型(简称 CDM)既是数据库设计的开始,又是数据库设计的关键。

在概念数据模型设计过程中,不需要考虑实际物理实现的细节,只要考虑实体的属性及实体之间的关系。

通过建立概念数据模型可以进行数据图形化、形象化,数据表设计的合法性检查,为物理数据模型的设计提供基础。通常,CDM利用实体-联系图(简称E-R图)作为表达方式。

1.创建概念数据模型

要创建一个概念数据模型,首先打开PowerDesigner开发环境,再在【File】菜单选择【New Model】项,在打开窗口中选择【Conceptual Data Model】选项,如图5-17所示。

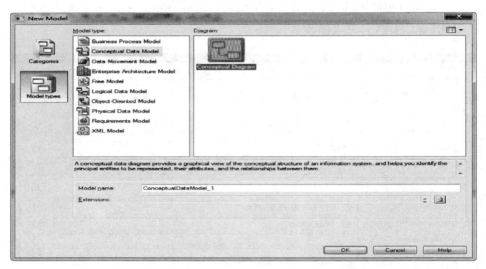

图5-17 建立CDM

再按【确认】就出现一个概念数据模型的创建窗口,如图5-18所示。

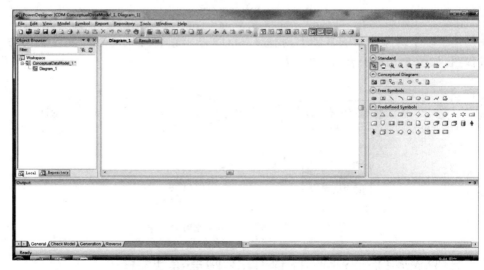

图5-18 CDM创建窗口

在Palette对话框中,就有各种设计概念数据模型的工具模板,各工具模板的用途分别是：

　　Entity【▦】：创建实体。

　　Inheritance【品】：创建继承。

　　Relationship【品】：创建立联系，实体通过联系相互关联。

　　Association【◎】：创建关联。

　　Title【▬】：创建标题。

　　Link/Extended Dependency【▱】：创建依赖。

　　Link【品】：创建连接。

　　Note【▤】：创建注释。

2. 创建实体

（1）建立实体框。

　　在【Palette】工具栏中，选择【▦】(Entity)实体图标，回到屏幕中点击鼠标左键，一个实体就放置在你所点击的位置。点击鼠标右键可以使鼠标恢复箭头形状。

（2）定义实体。

　　双击实体图形符号打开实体定义窗口，选择【General】页，在这里对实体的基本情况进行设置，如图 5－19 所示。General 页各个字段含义如下。

　　Name：实体的名称，可以输入中文信息。

　　Code：实体代码，必须输入英文。

　　Comment：对实体的注释。

　　Number：实体个数（将来的记录条数）。

图 5－19　"实体属性"窗口

（3）定义属性。

　　选择【Attributes】页，在这页中输入实体各个属性，如图 5－20 所示。选择【Insert a Row】图标可以插入新行。其中 Attributes 中主要字段的含义如下。

Name：属性名称，可以输入中文信息。

Code：属性代码，必须输入英文。

Data Type：根据属性选择合适的数据类型。

Domain：使用的域作为数据类型。

M：即 Mandatory，强制属性，表示属性值是否允许为空。

P：即 Primary Identifier，主键标识符。

D：即 Displayed，在实体符号中是否显示属性。

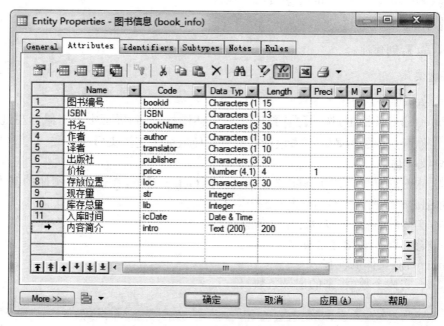

图 5-20 "定义属性"窗口

注意：单击鼠标左键 Data Type 列中 按钮会弹出数据类型设置列表，可以按需对数据的类型进行设置。

（4）定义完毕后点击【确认】，返回到 CDM 窗口，实体的图形符号如图 5-21 所示。

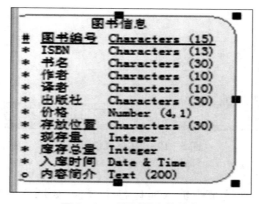

图 5-21 "图书"实体信息

（5）按步骤（1）到步骤（4）创建读者信息、借阅管理、管理员信息、罚款管理四个实体（注意：所有表中的中文属性名称一定不要相同，否则影响后续操作）。完成后如图 5－22 所示。

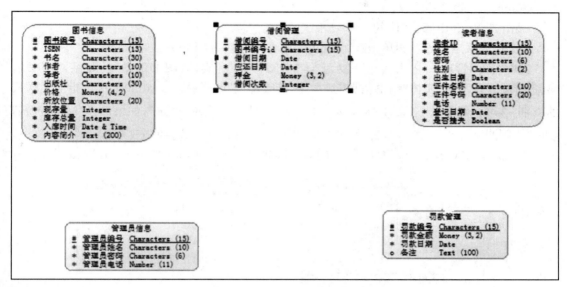

图 5－22 系统中各实体信息

3. 建立实体之间的联系

（1）在【Palette】工具栏中，选择【🖰】（Relationship）图标，在要建立联系的两个实体的其中一个点击鼠标左键，拖动鼠标到另外一个实体，释放鼠标，这样就可以建立了两个实体间的联系。点击鼠标右键可以使鼠标恢复箭头形状。

（2）双击两实体之间的联系符号，打开联系定义窗口，如图 5－23 所示。【General】页各个字段含义如下。

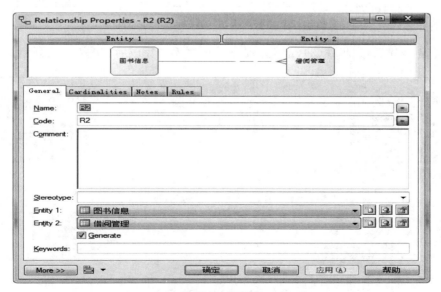

图 5－23 "联系属性"的【General】页

Name：联系的名称，可以输入中文信息。

Code：联系的代码，必须输入英文。

Comment：联系的注释。

Entity1 和 Entity2：实体的名称。

（3）在联系定义窗口中单击【Cardinilities】页，如图 5－24 所示。

其中"借阅管理 to 图书信息"表示实体"借阅管理"到实体"图书信息"的联系，"图书信息 to 借阅管理"表示实体"图书信息"到实体"借阅管理"的联系。Cardinilities 也指明了联系的类别：在联系线上的"三叉"（◁）表示"多"；"小圆圈"（O）表示"可选"；如果选择"Mandatory"会使"小圆圈"变为"竖线"（|），表示"强制"；如果选择"Dependent"会使"三叉"变为"箭头"（→）表示依赖关系。"Cardinality"为基数，它的值会依据选择"Mandatory""Dependent"而改变。

图 5－24 "联系属性"的【Cardinilities】页

（4）重复步骤（1）到步骤（3），定义其他实体的联系。完成后如图 5－25 所示。

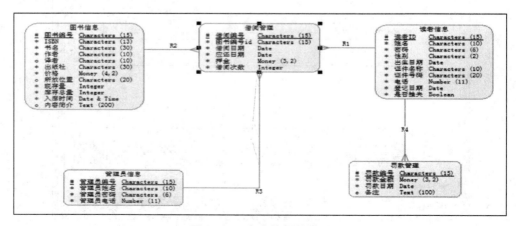

图 5－25 各实体间的联系

4.定义域

要定义一个域,首先点击【Model】菜单,再选择【Domains】选项,打开域列表窗口,并在其中增加一个域,如图 5 - 26 所示。其中各选项的意义如下。

Name:域的名称。

Code:域的代码,要为英文。

Data Type:数据类型。

Length:数据宽度。

Precision:数据精度,即表示小数点后多少位。

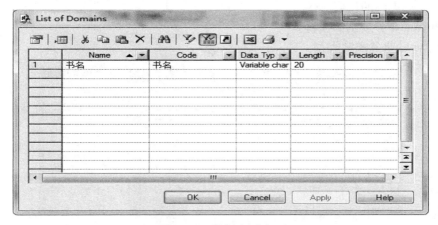

图 5 - 26 "域列表"窗口

定义好各个域后,点击【OK】按钮,返回到 CDM 模型窗口。然后双击要引用域的实体图形符号,打开实体定义窗口,选择【Attributes】页,把属性为"书名"处的数据类型改为"Undef",然后在【Domain】栏中选择刚才定义好的域"书名"。然后点击【应用】按钮,可以看到属性的数据类型变为域的数据类型,如图 5 - 27 所示。

定义域以后,如果要修改属性的数据类型,只需要修改域的数据类型,不需要每个属性单独修改。可以根据上述方法定义图书馆信息管理系统的其他域。

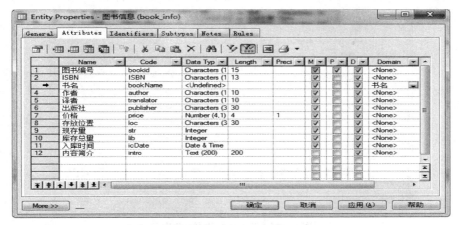

图 5 - 27 属性"书名"使用"书名"域

5. 定义业务规则

业务规则一般可以通过数据库的触发器、存储过程、数据约束或应用程序来实现。为了描述实体中数据的完整性，我们可以先在 CDM 模型中定义业务规则，然后在 PDM 模型或应用程序中实现。在图书馆信息管理系统中，我们以"校验型"为例介绍如何定义业务规则。

首先在 CDM 模型中点击【Model】菜单选择【Business Rules】选项，打开业务规则定义窗口，如图 5-28 所示。然后在空行上点击鼠标，输入业务规则的相应项，然后点击【Apply】按钮。其中各项的含义如下。

Name：业务规则的名称。

Code：业务规则的代码。

Comment：业务规则的注释。

Rule Type：业务规则类型。

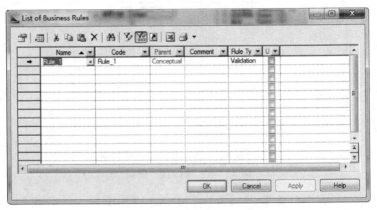

图 5-28 "业务规则列表"窗口

定义完毕后，选择刚才定义的业务规则，点击左上角的【　】(Properties)图标。打开业务规则的属性定义窗口，如图 5-29 所示。在【Expression】页中输入图 5-29 中的表达式。定义完毕后点击【确认】按钮返回业务规则定义窗口，在业务规则定义窗口中点击【OK】返回 CDM 模型窗口。读者可按如上方法在图书馆信息系统中添加其他业务规则。

图 5-29 "业务规则属性"窗口

6. 定义 CDM 属性

打开【Model】菜单选择【Model Properties】项，就可以打开该模型的属性窗口，如图 5-30所示。其中各字段含义如下。

Name：模型的名称，可以是中文。

Code：模型的代码，必须是英文。

Comment：注释，可以是中文。

Author：作者，可以是中文。

Version：版本号。

Default diagram：默认的概念数据模型图。

定义完成后，点击【确认】按钮，就完成了定义 CDM 的属性，并且会在 CDM 图形中显示出来。请注意，它是定义 CDM 属性，不是定义实体属性。

图 5-30　"模型属性"窗口

5.2.5　用 PowerDesigner 进行数据库物理模型设计

创建 PDM 的方法，可以在 PowerDesigner 设计环境中直接建立，也可以根据已完成的 CDM，采用内部模型转换的方法生成 PDM。

本小节首先简要介绍在 PowerDesigner 设计环境中创建 PDM，包括创建表、创建列等对象。然后重点介绍如何根据已有的 CDM 生成 PDM，这也是我们提倡在 CDM 设计中尽量完成所有的数据库设计工作的原因所在。

1. 创建物理数据模型

在 PowerDesigner 主窗口点击【File】菜单，选择【New Model】菜单项，在打开的窗口选择 Physical Data Model，如图 5-31 所示。其中 DBMS 为目标的数据库类型，鼠标左键单击其后的 按钮为新建的 PDM 选择使用 DBMS 文件的方式，如图 5-32 所示，默认 DBMS 是 Sybase SQL Anywhere（与 MS SQL Server 很相似）。

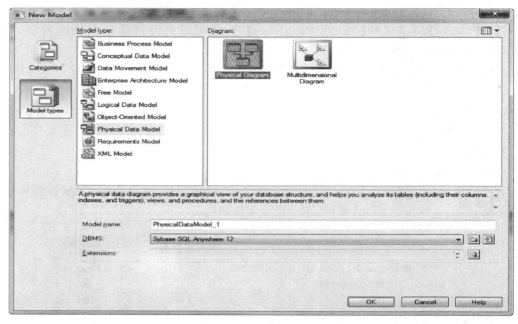

图 5-31 新建 PDM

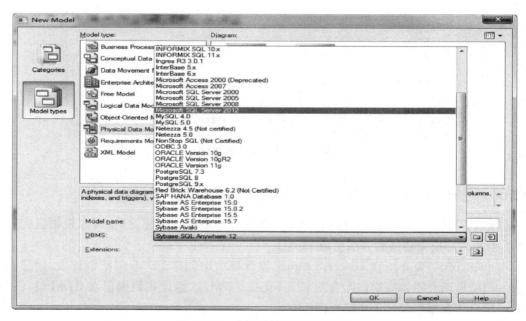

图 5-32 选择目标的数据库类型

　　选择【Extended Model Definitions】页，如果利用 PowerBuilder 来开发应用程序，当 PowerBuilder 连接数据库时，将表和列的扩展属性保存到其 Catalog 表中，选择 PowerBuilder 复选框，生成的 PDM 可以从 Catalog 表中获取和列的扩展属性。如图 5-33 所示。

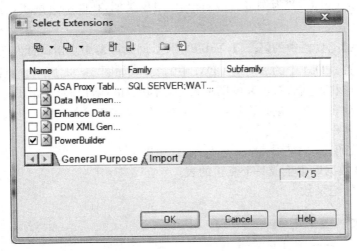

图 5 - 33　"选择扩展"属性窗口

单击【确认】按钮,打开新建的 PDM 图形窗口,如图 5 - 34 所示。在【Palette】工具栏中有建立 PDM 所需的工具,其中部分工具与 CDM 中的工具栏使用方法一样,这里不再重复,只选取 PDM 中特有的工具做介绍。

Table【　】:创建表。

Reference【　】:创建参照关系。

View【　】:创建视图。

Procedure【　】:创建存储过程。

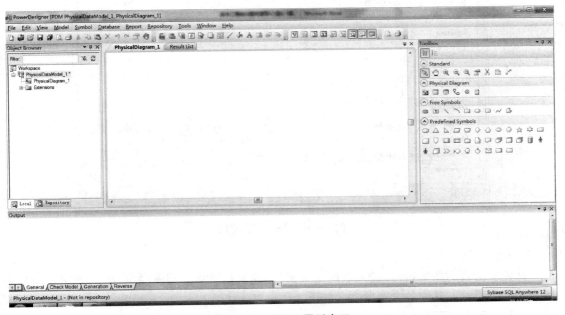

图 5 - 34　PDM 图形窗口

下面以创建表(包括列)为例进行说明,其他对象类似,在此不再赘述。

(1) 创建表

点击【Palette】工具栏中的【▦】(Table)图标,回到屏幕中点击鼠标左键,一个表就放置在你所点击的位置,PDM 中的表对应 CDM 中的实体,如图 5-35 所示。点击鼠标右键可以使鼠标恢复箭头形状。然后双击表的图形符号,打开表的属性窗口,如图 5-36 所示。在表定义窗口中可以对表的属性进行设置,其中各关键字段含义如下。

Name:表的名称。

Code:表的代码。

Generate:在数据库中生成一个真正的表。

Number:表的纪录数。

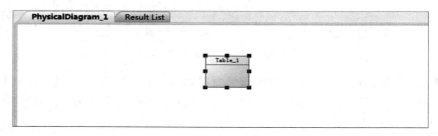

图 5-35　准备建立表

图 5-36　"表属性"窗口

(2) 创建列

首先双击表的图形符号,进入表的定义窗口,选择【Columns】属性页,进入列定义窗口。如图 5-37 所示。其中各个字段含义如下。

Name:列名,可以是中文。

Code:列的代码。

Data Type：该列的数据类型。

M：即 Mandatory，强制属性，表示该列值是否为空。

P：即 Primary Identifier，主标识符，表的主键。

D：即 Displayed，该列是否显示。

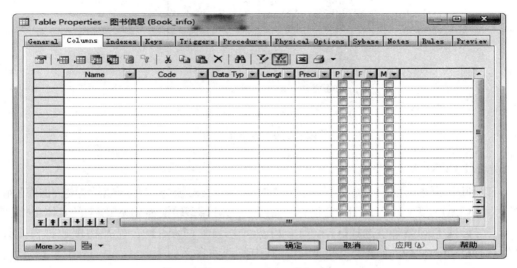

图 5 - 37　"列定义"窗口

在列定义窗口中，按照需要添加表中的各列，添加完成后如图 5 - 38 所示。

	Name	Code	Data Typ	Lengt	Preci	P	F	M
1	图书编号 =	bookid	char(15)	15		✔		✔
2	ISBN	ISBN	char(13)	13				✔
3	书名	书名	char(30)	30				✔
4	作者	作者	char(10)	10				✔
5	译者	译者	char(10)	10				✔
6	出版社	出版社	char(30)	30				✔
7	价格	价格	numeric(4,2)	4	2			✔
8	存放位置	存放位置	char(20)	20				✔
9	现存量	现存量	integer					✔
10	库存总量	库存总量	integer					✔
11	入库时间	入库时间	timestamp					✔
12	内容简介	内容简介	long varchar					

图 5 - 38　图书信息表的详细列信息窗口

点击【确定】按钮回到 PDM 图形窗口，得到图书信息表，如图 5 - 39 所示。

图 5 - 39　图书信息表

2. 通过 CDM 生成 PDM

可以利用系统提供的自动转换功能,将 CDM 模型直接转换为 PDM 模型,完成数据库的物理设计,并对 CDM 模型的 E-R 图进行检查和修改。CDM 模型转换为 PDM 模型的具体步骤如下。

(1) 打开【Tools】菜单选择【Generate Physical Data Model】项,打开物理数据模型设置窗口,选择【General】页,如图 5 - 40 所示。其中各选项含义如下。

Generate new Physical Data Model:生成新的物理数据模型。

DBMS:数据库的类型。

Name:物理数据模型的名称。

Code:物理数据模型代码。

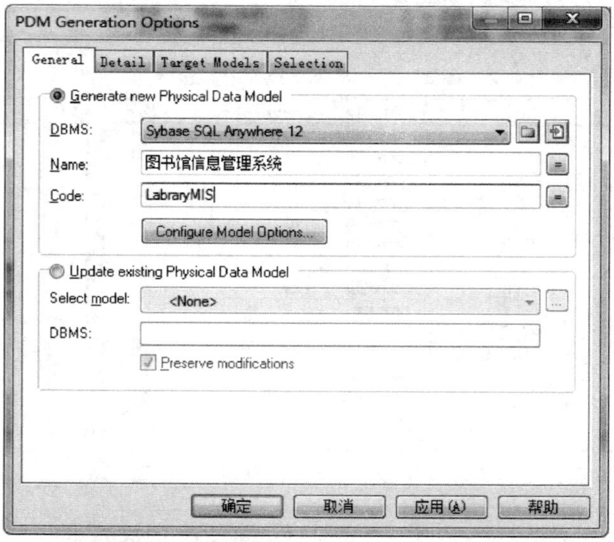

图 5 - 40　"PDM 生成设置"【General】页

(2) 选择【Detail】页,进行物理数据模型的详细设置,如图 5 - 41 所示。其中各选项含义如下。

Check mode:生成模型时进行模型检查,若发现错误停止生成。

Save generation dependencies:生成 PDM 模型时保存模型中每个对象的对象标识标志,

主要用于合并两个从同一个 CDM 模型生成的 PDM 模型。

Table prefix：表的前序。

PK index names：主键索引的名称。

FK threshold：在外部键上创建索引所需要记录数的最少值选项。

Update rule：更新规则。

Delete rule：删除规则。

FK column name template：外部键列名使用的模板。

Always use template：是否总是使用模板。

Only use template in case of conflict：仅在发生冲突时使用模板。

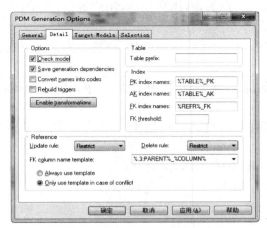

图 5‑41　"PDM 生成设置"【Detail】页　　　　图 5‑42　"PDM 生成设置"【Selection】页

（3）选择【Selection】页，选择概念数据模型中已定义的实体，如图 5‑42 所示。

（4）选择完毕后，按【确认】按钮，开始生成物理数据模型。生成完毕后的 PDM，如图 5‑43所示。

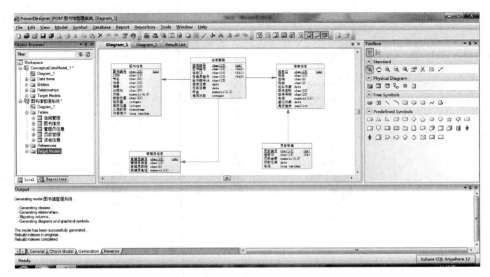

图 5‑43　PDM 正常生成窗口

5.3　项目数据库设计说明书样例

在 C2C 电子商务交易平台项目数据库设计过程中,逻辑设计和物理设计两部分如下所示。

5.3.1　逻辑结构设计

根据前期得到的概念结构中的基本 E－R 图,转换并优化等到如下关系模式(其中主码用下划线标出,外码用波浪线标出)。

用户信息表(用户 ID,用户账号,用户密码,用户头像,用户昵称,用户身份,身份证,手机号,慈善金,诚信点,是否为卖家)

商品信息表(商品 ID,商品名称,商品描述,商品介绍,商品图片,商品类别,商品价格,商品库存,商品公益金,商品是否发布)

订单信息表(订单 ID,商品 ID,购买商品数量,订单金额,订单状态,订单备注,订单创建时间,买家 ID,卖家地址)

卖家投诉信息表(投诉 ID,买家账户,投诉内容,投诉信息创建时间,投诉信息处理状态)

商品评价信息表(评价 ID,商品 ID,评价内容,创建时间,卖家 ID)

广告信息表(广告 ID,广告主标题,广告次标题,广告图片,广告 URL)

用户地址信息表(地址 ID,用户 ID,地址内容)

5.3.2　物理结构设计

根据以上逻辑结构设计中的得到的关系模式,结合具体的 DBMS(本系统采用的 MS SQL Server),建立如下表。

(1) 用户信息表

名	类型	长度	小数点	不是 null	键
userId	int	11	0	✓	🔑
userName	varchar	20	0	✓	
userPwd	varchar	16	0	✓	
headPic	varchar	255	0	✓	
nickName	varchar	10	0	✓	
userType	tinvint	1	0	✓	
IDNum	char	18	0	✓	
phone	char	11	0	✓	
charity	double	0	0	✓	
honest	int	11	0	✓	
uCheck	tinvint	1	0	✓	

图 5－44　用户信息表

（2）商品信息表

名	类型	长度	小数点	不是 null	键
gId	int	11	0	✓	1
userId	int	11	0	✓	
gName	varchar	255	0	✓	
gDes	varchar	255	0	✓	
gPic	varchar	255	0	✓	
gAmount	int	11	0	✓	
gChar	double	0	0	✓	
gCheck	tinyint	1	0	✓	
gKind	varchar	255	0	✓	
gPrice	double	0	0	✓	

图 5-45　商品信息表

（3）订单信息表

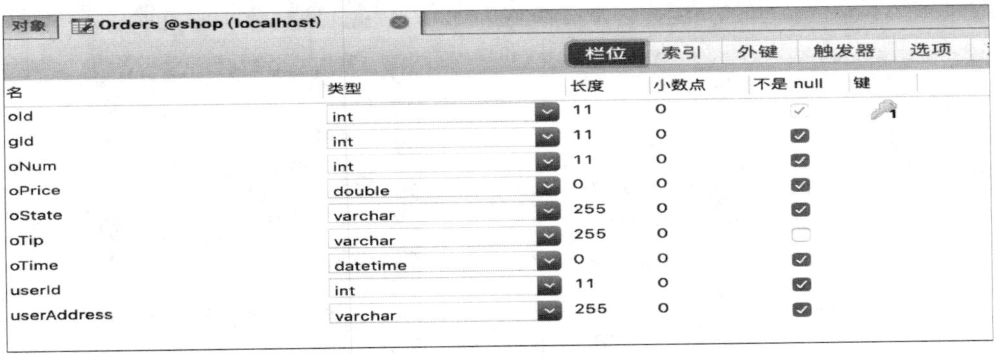

名	类型	长度	小数点	不是 null	键
oId	int	11	0	✓	1
gId	int	11	0	✓	
oNum	int	11	0	✓	
oPrice	double	0	0	✓	
oState	varchar	255	0	✓	
oTip	varchar	255	0		
oTime	datetime	0	0	✓	
userId	int	11	0	✓	
userAddress	varchar	255	0	✓	

图 5-46　订单信息表

（4）买家投诉信息表

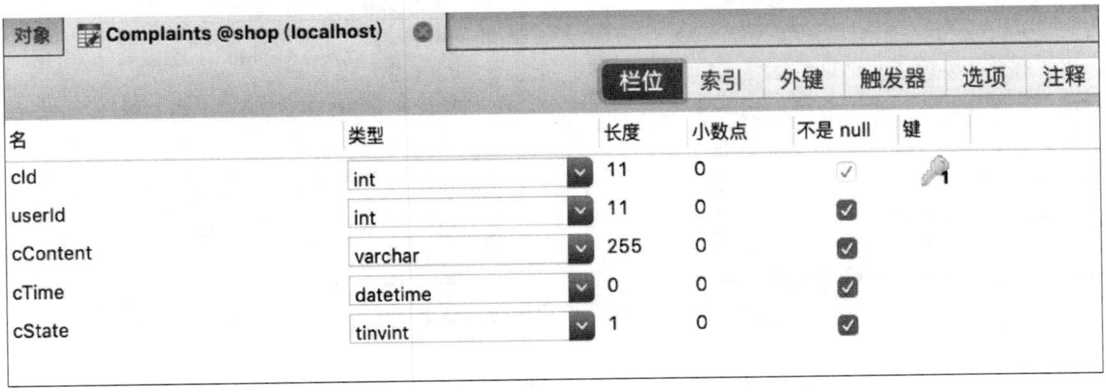

名	类型	长度	小数点	不是 null	键
cId	int	11	0	✓	1
userId	int	11	0	✓	
cContent	varchar	255	0	✓	
cTime	datetime	0	0	✓	
cState	tinyint	1	0	✓	

图 5-47　买家投诉信息表

（5）商品评价信息表

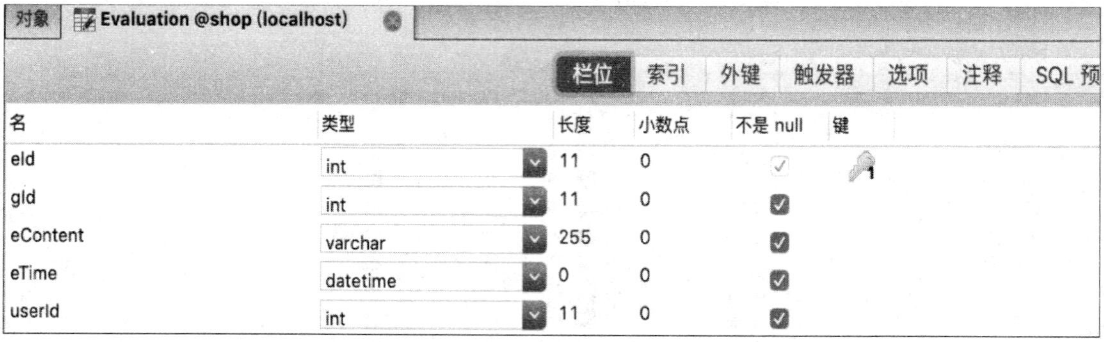

图 5‑48　商品评价信息表

（6）广告信息表

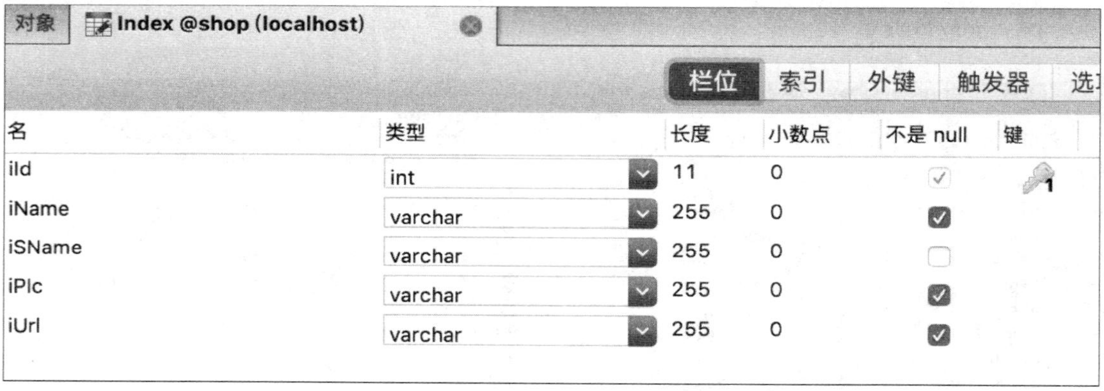

图 5‑49　广告信息表

（7）用户地址信息表

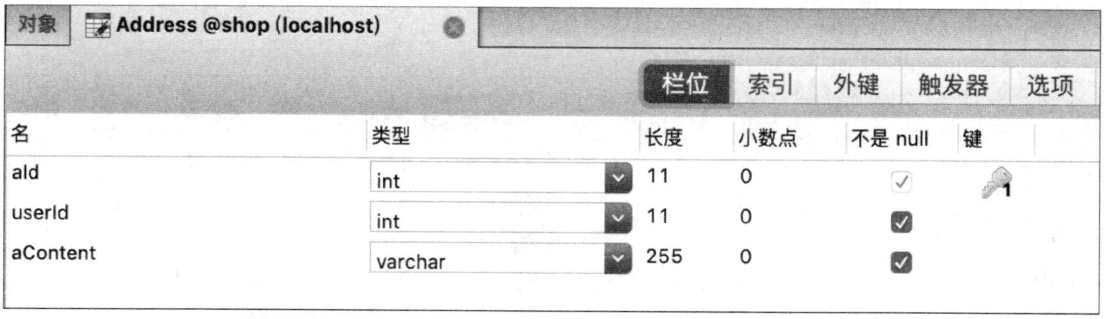

图 5‑50　用户地址信息表

第6章

项目详细设计与实现

6.1 详细设计任务

从工程管理角度来看,软件设计分为概要设计和详细设计。前期进行概要设计,解决了软件系统的结构、模块划分、模块功能和模块间的联系等问题,得到了软件系统的基本框架。后期进行详细设计,明确系统内部的实现细节。

详细设计则要确定模块内部的算法和数据结构,产生描述各模块程序过程的详细文档。详细设计要对每个模块的功能和架构进行细化,明确要完成相应模块的预订功能所需要的数据结构和算法并将其用某种形式描述出来。详细设计的目标是得到实现系统的最详细的解决方案,明确对目标系统的精确描述,从而在编码阶段中,设计人员的工作涉及的有过程、数据和接口等内容。

- 过程设计主要是指描述系统中每个模块的实现算法和细节。
- 数据设计是对各模块所用到数据结构的进一步细化。
- 接口设计针对的是软件的是软件系统各模块之间的关系或通信方式以及目标系统与外部系统之间的联系。

详细设计针对的对象与概要设计针对的对象具有共享性,但是两者在粒度上会有所差异。详细设计更具体,更关注细节,更注重最底层的实现方案。同时,详细设计要在逻辑上保证实现每个模块功能的解决方案的正确性,同时还要将实现细节表述得清晰、易懂,从而方便编程人员的后续编程工作。

下面就以编制《C2C 电子商务平台项目的详细设计说明书》为例,来进行该项目的详细设计与实现。

6.2 项目详细设计说明书实例

【C2C 电子商务平台项目的详细设计说明书】

1 项目定义

整个系统的项目定义内容如表 6-1 所示。

表 6-1 项目定义

序号	详细名称	简称
1	具有浏览权限而未注册的用户	游客
2	已经注册并且申请成为卖家的用户	卖家
3	已经注册的用户	买家
4	管理后台信息和管理信息的用户	管理员
5	输入加工输出图	IPO 图

2 系统的组织结构

整个系统的组织结构如图 6-1 所示，各个子系统分别如图 6-2 至图 6-4 所示。

图 6-1 系统模块结构图

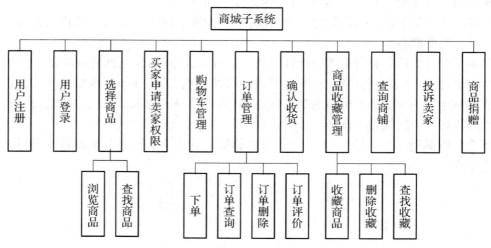

图 6-2 商城子系统功能结构图

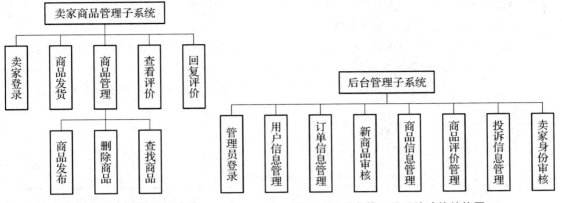

图 6-3　卖家商品管理子系统功能
　　　　结构图

图 6-4　后台管理子系统功能结构图

3　模块设计说明

3.1　后台模块

3.1.1　模块描述

后台模块的主要功能是方便管理员管理用户信息、商品信息、订单信息、投诉信息和评价信息等。提供了管理员的唯一登录、各类信息管理和后台数据库管理等功能。

3.1.2　功能

（1）登录功能

用于管理员登录进入后台管理系统。

图 6-5　登录功能的 IPO 图

（2）各类信息管理功能

方便管理员管理各类信息，包括用户信息、商品信息、订单信息、投诉信息和商品评价信息等。管理功能包括查询全部信息、查询指定信息和删除指定信息。

图 6-6　各类信息管理功能的 IPO 图

（3）审核功能

方便用户审核一些信息，包括买家申请成为卖家和卖家商品发布。

图 6-7　审核功能的 IPO 图

3.1.3 性能

后台模块的性能需求主要为以下三个方面。

精度:确保能够精确地反映数据库的数据内容以及精确地操作数据库中的对应内容。

灵活性:能够通过简单的管理操作实现数据库的同步更新。

时间特性:需要此模块能够即时响应管理员操作,实现界面操作与数据库数据更新达到同步。

3.1.4 输入项

(1)登录功能

表6-2 登录功能输入项

名称	管理员账号	管理员密码
标识	adminId	adminPwd
数据类型	String	String
数据值范围	6	6
输入方式	键盘输入	键盘输入

(2)各类信息管理功能

表6-3 信息管理功能输入项

名称	鼠标点击	用户 ID	商品 ID	订单 ID	评价 ID	投诉 ID
标识	/	userId	goodsId	ordersId	evaId	comId
数据类型	/	Int	Int	Int	Int	Int
数据值范围	/	1~6	1~6	1~6	1~6	1~6
输入方式	鼠标点击	键盘输入	键盘输入	键盘输入	键盘输入	键盘输入

(3)审核功能

表6-4 审核功能输入项

名称	待审核买家 ID	待审核商品 ID
标识	userId	goodId
数据类型	Int	Int
数据值范围	1~6	1~6
输入方式	键盘输入	键盘输入
名称	待审核买家 ID	待审核商品 ID

3.1.5 输出项

(1)登录功能

表 6 - 5　登录功能输出项

名称	登录状态
标识	message
数据类型	String
数据值范围	255
输出方式	对话框
输出媒体	显示器

（2）各类信息管理功能

表 6 - 6　信息管理功能输出项

名称	反馈信息	用户	商品	订单	评价	投诉
标识	message	user	goods	orders	evaluations	complaints
数据类型	String	User	Goods	Orders	Evaluations	complaints
数据值范围	255	/	/	/	/	/
输出方式	对话框	表格	表格	表格	表格	表格
输出媒体	显示器	显示器	显示器	显示器	显示器	显示器

（3）审核功能

表 6 - 7　审核功能输出项

审核状态	买家 ID	商品 ID
message	userId	goodsId
String	Int	Int
255	1~6	1~6
对话框	表格	表格
显示器	显示器	显示器

3.1.6　算法

```
function validateCode(n)
   {  /* 验证码中可能包含的字符* /
   var s= "0123456789";
   var ret= "";//保存生成的验证码
      /* 利用循环,随机产生验证码中的每个字符* /
      for(var i= 0;i< n;i+ + )
      {
        var index= Math.floor(Math.random()* 10);//随机产生一个 0~ 9 之间的数值
```

```
        ret + = s.charAt(index);//将随机产生的数值当作字符串的位置下标,在字符串
        s 中取出该字符,并入 ret 中
    }
    return ret;
}
```

在后台管理中,算法应用的并不是特别多。此处选用管理员登录时,验证码随机生成的算法作为示例。

具体的算法流程是:首先固定一个 0~9 的数字串,通过循环遍历,随机生成一个 0~9 的数字作为数字串的下标,以此来获取数字串的某一个值,每次循环结束后将其连接到一个新的字符串之后,循环全部结束后即生成一个随机验证码。

3.1.7 流程逻辑

(1) 商品管理流程

主要流程是管理员成功登录后,通过鼠标点击进行操作,与商品有关的操作大致分为三种,审核商品、查看商品和删除商品。通过商品 ID 进行指定操作。

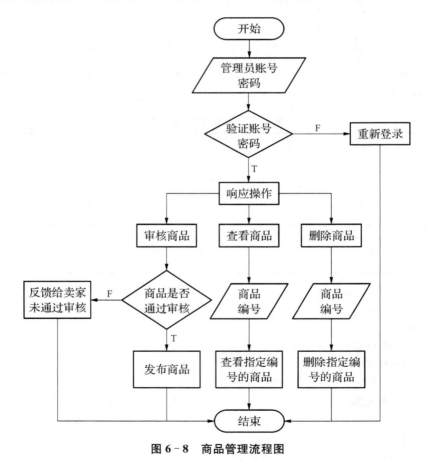

图 6-8　商品管理流程图

(2) 用户信息管理流程

　　同样是管理员成功登录后,通过鼠标进行操作。主要功能包括审核买家、查看用户信息以及删除用户信息。

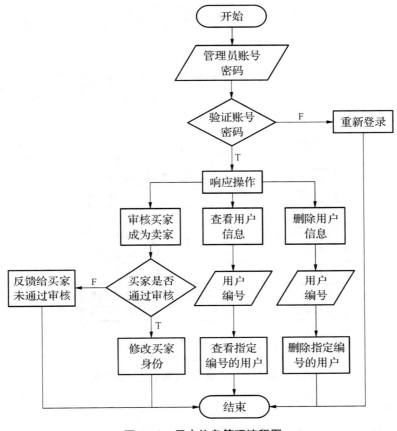

图 6-9　用户信息管理流程图

(3) 评价、投诉、订单信息管理流程

管理员成功登录之后,可以对评价、投诉以及订单信息进行查看和删除的操作。

3.1.8　接口

与本模块有关的数据结构有如下几个。

(1) 用户信息表

(2) 商品信息表

(3) 订单信息表

(4) 买家投诉信息表

(5) 买家评价信息表

3.1.9　存储分配

后台管理模块的主要数据存储形式是数据库存储。

在实际页面操作过程中所需要输入的一些数据则是以一次 session 的形式存储在浏览器中。

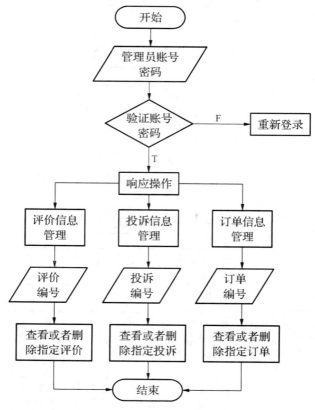

图 6-10 评价、投诉、订单信息管理流程图

3.1.10 注释设计

(1) 变量注释设计：用于表示变量的含义。

```
private int gID;              //唯一标识，自增长
private int userID;           //卖家ID
private String gName;         //商品名称
private String gKind;         //商品分类
private String gDes;          //商品描述
private String gPic;          //商品封面图片
private int gAmount;          //库存
private double gPrice;        //单价
private double gChar;         //慈善金
private boolean gCheck;       //商品发布审核
```

(2) 接口方法的注释设计：用于说明方法的参数、返回类型和异常类型等。

```
/**
 * 查询所有商品
 * @return
 * @throws SQLException
 * @throws OAException
 */
public abstract List selectAllGoods() throws SQLException,OAException;
```

(3) DAO 层功能注释设计：用于说明 DAO 层设计到的功能。

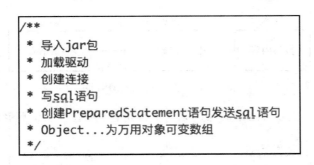

```
/**
 *  导入jar包
 *  加载驱动
 *  创建连接
 *  写sql语句
 *  创建PreparedStatement语句发送sql语句
 *  Object...为万用对象可变数组
 */
```

3.1.11　限制条件

无法通过直接输入网址的方式进入后台,只能够通过输入管理员账号和密码进入后台。游客只能实现浏览商品功能,要实现其他功能,必须进行注册登录操作。卖家无法直接发布商品,发布商品需经管理员同意。

3.2　商城模块

3.2.1　模块描述

商城模块是该网站的主要模块,该模块不光显示了商城的外貌,也提供了游客注册成网站用户以及用户登录后能享受的购物服务。其主要功能包括商品浏览、商品查找、购物车管理、个人中心管理、收藏夹、订单管理等。

3.2.2　功能

(1) 登录功能:用户登录来访问个人中心和购物车等更多功能,如图6-11所示。

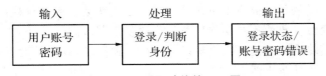

图6-11　登录功能的 IPO 图

(2) 各类信息管理功能:方便用户管理各类信息,包括个人信息、购物车、订单信息、收藏夹等,管理功能包括查询信息和修改信息,如图6-12所示。

图6-12　信息管理功能的 IPO 图

(3) 申请提交功能:买家用户可以向管理员发起申请成为卖家用户,如图6-13所示。

图6-13　申请提交功能的 IPO 图

(4) 投诉功能:买家用户可以向管理员发起商品投诉,如图6-14所示。

图 6-14　投诉功能的 IPO 图

（5）注册功能：游客可以注册成为网站的买家用户，如图 6-15 所示。

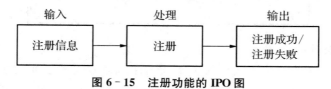

图 6-15　注册功能的 IPO 图

（6）下单功能：买家用户可以清空购物车进行下单，如图 6-16 所示。

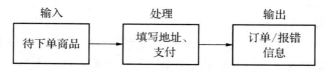

图 6-16　商品下单功能的 IPO 图

3.2.3　性能

商城模块的性能需求主要为以下三个方面。

并发性：要求该模块同时被多个用户访问时不会出现数据崩溃和数据库读写错误。

简约性：能够通过简单的用户操作完成用户的使用需求。

时效性：商城模块需要为用户提供实时最新的商品信息，也要及时完成用户的下单和查询操作，要求与数据库同步更新。

3.2.4　输入项

（1）登录功能

表 6-8　登录功能的输入项

名称	用户账号	用户密码
标识	userName	userPwd
数据类型	String	String
数据长度	6～20	6～15
输入方式	键盘输入	键盘输入

（2）各类信息管理功能

用户管理：

表 6-9 用户信息管理功能的输入项

名称	用户账号	密码	用户类型	昵称	手机号	身份证号	慈善值	诚信值
标识	userName	userPwd	userType	nickName	phone	IDNum	charity	honest
数据类型	String	String	boolean	String	String	String	double	Int
数据范围	6～20	1～16	0/1	1～10	11	18	0～100	0～100
输入方式	键盘输入	键盘输入	按钮响应	键盘输入	键盘输入	键盘输入	键盘输入	键盘输入

商品管理：

表 6-10 商品信息管理功能的输入项

名称	商品名	商品封面	商品描述	商品数量	商品慈善值	审核状态
标识	gName	gPic	gDes	gAmount	charity	gCheck
数据类型	String	String	String	Int	double	boolean
数据范围	1～255	1～255	1～255	1～11 位	0～100	0/1
输入方式	键盘输入	文件读取	文件读取	键盘输入	键盘输入	按钮响应

（3）申请提交功能

表 6-11 审核功能的输入项

名称	用户编号	用户类型
标识	userID	userType
数据类型	Int	boolean
数据范围	1～11 位	0/1
输入方式	方法读取	按钮响应

（4）投诉功能

表 6-12 投诉功能的输入项

名称	用户编号	投诉内容	投诉时间	投诉审核状态
标识	userID	cContent	cTime	cState
数据类型	Int	String	datetime	boolean
数据范围	1～11 位	0～255	时间	0/1
输入方式	方法读取	按钮响应	系统读取	方法获取

（5）注册功能

表 6-13 注册功能的输入项

名称	用户账号	密码	确认密码	昵称	手机号	身份证号	验证码
标识	userName	userPwd	confirmPwd	nickName	phone	IDNum	code
数据类型	String	String	String	String	String	String	String

续 表

名称	用户账号	密码	确认密码	昵称	手机号	身份证号	验证码
数据范围	6～20	1～16	1～16	1～10	11	18	5
输入方式	键盘输入	键盘输入	键盘输入	键盘输入	键盘输入	键盘输入	键盘输入

（6）下单功能

表 6－14 下单功能的输入项

名称	商品编号	订单数量	订单价格	订单状态	备注信息	订单时间	用户编号	用户地址
标识	gId	Int	oPrice	oState	oTip	oTime	userID	userAddress
数据类型	int	Int	double	boolean	String	datetime	Int	String
数据范围	0～11 位	1～11 位	0～100	0/1	0～255	时间	1～11 位	0～255
输入方式	方法读取	键盘输入	方法读取	按钮响应	键盘获取	系统读取	方法读取	键盘输入

3.2.5 输出项

（1）登录功能

表 6－15 登录功能的输出项

名称	登录状态
标识	message
数据类型	String
数据长度	255
输出方式	对话框

（2）各类信息管理功能

表 6－16 信息管理功能的输出项

名称	反馈信息	个人信息	商品	订单	地址	收藏夹	购物车
标识	message	user	goods	order	address	store	cart
数据类型	String	User	Goods	Order	Address	Store	Goods
数据长度	/	/	/	/	/	/	/
输出方式	对话框	网页	div	表格＋div	表格＋div	表格＋div	表格＋div

（3）申请提交功能

表 6－17 申请功能的输出项

名称	申请状态	用户 ID	申请结果
标识	uCheck	userId	message
数据类型	Boolean	int	String

续 表

名称	申请状态	用户 ID	申请结果
数据长度	1	0～6	/
输出方式	div	div	div

（4）投诉功能

表 6-18 投诉功能的输出项

名称	投诉状态	投诉结果	买家 ID	投诉理由
标识	cState	message	userId	cContent
数据类型	Boolean	String	int	String
数据长度	1	/	0～6	/
输出方式	div	div	div	div

（5）注册功能

表 6-19 注册功能的输出项

名称	注册结果	错误提示
标识	message	message
数据类型	String	String
数据长度	255	255
输出方式	对话框	对话框

（6）下单功能

表 6-20 下单功能的输出项

名称	订单状态	订单金额	送货地址	订单号	买家 ID
标识	oState	oPrice	userAddress	oId	userId
数据类型	Boolean	double	String	int	int
数据长度	1	0～11	255	0～6	0～6
输出方式	div	div	div	div	div

3.2.6 算法

在商城管理中，考虑到商品数量而不断增加，分页显示商品显得尤为重要。

具体的算法流程：按商品分类查询所有复合要求的商品数据数量，按照一页 18 个商品进行分页，然后把不同页的商品进行封装成独立的 pageBean，再把 pageBean 传回前端进行显示。

```
//根据分类名称查询商品集合
public void findGoodListByKindName(HttpServletRequest request,HttpServletResponse response)
        throws ServletException,IOException{
    //获得要查询的分类名
    String kindName = request.getParameter("kindName");
    //获得当前页
    Integer currentPage = Integer.parseInt(request.getParameter("currentPage"));
    //该每页显示的条数
    Integer rows = 18;
    if (currentPage <= 0) {
        currentPage = 1;
    }
    kindName = new String(kindName.getBytes("iso-8859-1"),"utf-8");
    GoodsService goodsService = new GoodsService();
    pageBean pageBean = goodsService.findGoodListBykindNamde(currentPage,rows,kindName);
    request.setAttribute("pageBean", pageBean);
    request.setAttribute("kindName", kindName);
    request.getRequestDispatcher("/Reception/product_list.jsp").forward(request, response);
}
```

3.2.7 逻辑流程

(1) 登录/注册功能

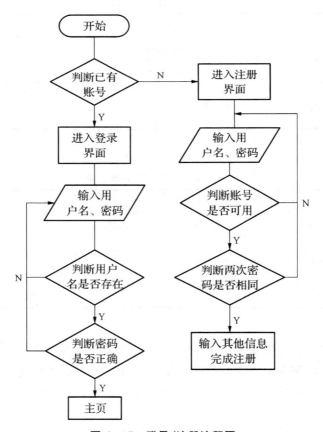

图 6-17 登录/注册流程图

（2）各类信息管理功能

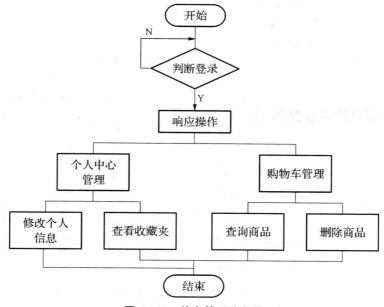

图 6‑18　信息管理流程图

（3）申请提交功能（如图6‑19所示）

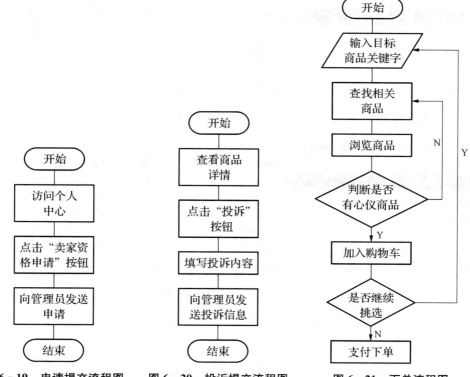

图 6‑19　申请提交流程图　　**图 6‑20　投诉提交流程图**　　**图 6‑21　下单流程图**

（4）投诉功能（如图 6-20 所示）

（5）下单功能（如图 6-21 所示）

3.2.8　接口

与本模块有关的数据结构有如下几个。

（1）用户信息表

名	类型	长度	小数点	不是 null	
userId	int	11	0	☑	🔑1
userName	varchar	20	0	☑	
userPwd	varchar	16	0	☑	
headPic	varchar	255	0	☑	
nickName	varchar	10	0	☑	
userType	tinyint	1	0	☑	
IDNum	char	18	0	☑	
phone	char	11	0	☑	
charity	double	0	0	☑	
honest	int	11	0	☑	
uCheck	tinyint	1	0	☑	

图 6-22　用户信息表

（2）地址信息表

名	类型	长度	小数点	不是 null	
aId	int	11	0	☑	🔑1
userId	int	11	0	☑	
aContent	varchar	255	0	☑	

图 6-23　地址信息表

（3）页面元素信息表

名	类型	长度	小数点	不是 null	
iId	int	11	0	☑	🔑1
iName	varchar	255	0	☑	
iSName	varchar	255	0	☐	
iPic	varchar	255	0	☑	
iUrl	varchar	255	0	☑	
iKind	varchar	255	0	☑	

图 6-24　页面元素信息表

（4）收藏信息表

名	类型	长度	小数点	不是 null	
sId	int	11	0	☑	🔑1
userId	int	11	0	☑	
gId	int	11	0	☑	

图 6 – 25　收藏信息表

3.2.9　储存分配

商城管理模块的主要数据存储形式是数据库存储。

用户登录操作需要把用户信息保存在 session 中,方便个人信息管理功能和购物车以及下单功能的实现。

3.2.10　注释设计

此模块注释设计与后台模块注释设计一致。

3.2.11　限制条件

必须要用户成功登录才可以访问个人信息页面和购物车页面。

3.3　卖家模块

3.3.1　程序描述

卖家模块的主要功能是卖家用户商品发布、商品信息修改、商品删除和查找、商品发货和查看商品评价等。提供了卖家的唯一登录、各类信息管理等功能。

3.3.2　功能

（1）登录功能:用于卖家登录进入后台管理系统。

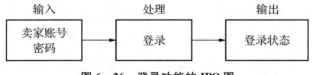

图 6 – 26　登录功能的 IPO 图

（2）各类商品信息管理功能:方便卖家管理各类商品信息,包括商品浏览、商品发布、商品信息修改和删除以及查看商品评价信息等。

图 6 – 27　商品信息管理功能的 IPO 图

（3）查看评论信息功能:方便卖家查看买家的评论和投诉信息。

图 6-28　查看评论功能的 IPO 图

3.3.3　性能

卖家模块的性能需求主要为以下三个方面。

精度:确保能够精确地反映数据库的数据内容以及精确地操作数据库中的对应内容。

灵活性:能够通过简单的管理操作实现数据库的同步更新。

时间特性:需要此模块能够即时响应卖家操作,实现界面操作与数据库数据更新达到同步。

3.3.4　输入项

(1)登录功能

表 6-21　登录功能输入项

名称	管理员账号	用户密码
标识	userName	userPwd
数据类型	String	String
数据长度	6～20	6～15
输入方式	键盘输入	键盘输入

(2)各类信息管理功能

表 6-22　信息管理功能输入项

名称	鼠标点击	用户 ID	商品 ID	订单 ID	评价 ID	投诉 ID
标识	/	userId	goodsId	ordersId	evaId	comId
数据类型	/	Int	Int	Int	Int	Int
数据值范围	/	1～6	1～6	1～6	1～6	1～6
输入方式	鼠标点击	键盘输入	键盘输入	键盘输入	键盘输入	键盘输入

3.3.5　输出项

(1)登录功能

表 6-23　登录功能输出项

名称	登录状态
标识	message
数据类型	String
数据值范围	255
输出方式	对话框
输出媒体	显示器

（2）各类信息管理功能

表 6 - 24　信息管理功能输出项

名称	反馈信息	用户	商品	订单	评价	投诉
标识	message	user	goods	orders	evaluations	complaints
数据类型	String	User	Goods	Orders	Evaluations	complaints
数据值范围	255	/	/	/	/	/
输出方式	对话框	表格	表格	表格	表格	表格
输出媒体	显示器	显示器	显示器	显示器	显示器	显示器

3.3.6　算法

```javascript
/**验证验证码**/
validate: function(code){
    var code = code.toLowerCase();
    var v_code = this.options.code.toLowerCase();
    if(code == v_code){
        return true;
    }else{
        this.refresh();
        return false;
    }
}
}
/**生成字母数组**/
function getAllLetter() {
    var letterStr = "a,b,c,d,e,f,g,h,i,j,k,l,m,n,o,p,q,r,s,t,u,v";
    return letterStr.split(",");
}
/**生成一个随机数**/
function randomNum(min, max) {
    return Math.floor(Math.random() * (max - min) + min);
}


/**生成一个随机色**/
function randomColor(min, max) {
    var r = randomNum(min, max);
    var g = randomNum(min, max);
    var b = randomNum(min, max);
    return "rgb(" + r + "," + g + "," + b + ")";
}
window.GVerify = GVerify;
})(window, document);// JavaScript Document
```

在卖家模块中，主要是业务逻辑，此处选用生成并验证验证码的代码作为示例。具体来说，生成了随机色、随机数以及字母数组。

3.3.7　流程逻辑

（1）商品管理流程

主要流程是卖家成功登录后，通过鼠标点击进行操作，与商品有关的操作大致分为四种，发布商品、查看商品、修改商品信息和删除商品。通过商品 ID 进行指定操作。

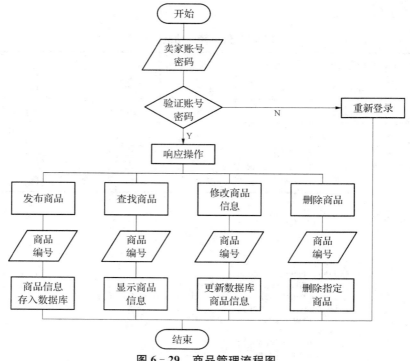

图 6‑29 商品管理流程图

（2）评价、投诉、订单信息，个人信息管理流程

卖家成功登录之后，可以对评价、投诉以及订单信息进行查看的操作，对买家的订单进行响应，修改个人信息等。

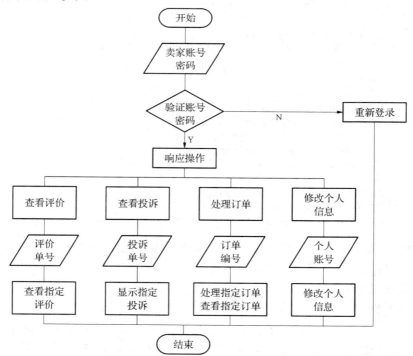

图 6‑30 评价、投诉、订单信息管理流程图

3.3.8 接口

与本模块有关的数据结构有如下几个。

（1）用户信息表

（2）商品信息表

（3）订单信息表

（4）买家投诉信息表

（5）买家评价信息表

3.3.9 存储分配

卖家管理模块的主要数据存储形式是数据库存储。

在实际页面操作过程中所需要输入的一些数据则是以一次 session 的形式存储在浏览器中。

3.3.10 注释设计

（1）变量注释设计：用于表示变量的含义

```
private int gID;              //唯一标识，自增长
private int userID;           //卖家ID
private String gName;         //商品名称
private String gKind;         //商品分类
private String gDes;          //商品描述
private String gPic;          //商品封面图片
private int gAmount;          //库存
private double gPrice;        //单价
private double gChar;         //慈善金
private boolean gCheck;       //商品发布审核
```

（2）接口方法的注释设计：用于说明方法的参数、返回类型和异常类型等

```
/**
 * 查询所有商品
 * @return
 * @throws SQLException
 * @throws OAException
 */
public abstract List selectAllGoods() throws SQLException,OAException;
```

（3）DAO 层功能注释设计：用于说明 DAO 层设计到的功能

```
/**
 * 导入jar包
 * 加载驱动
 * 创建连接
 * 写sql语句
 * 创建PreparedStatement语句发送sql语句
 * Object...为万用对象可变数组
 */
```

3.3.11 限制条件

必须需要卖家成功登录才可以进行卖家管理的操作。

6.3 项目实现

通常把编码和测试统称为实现。所谓编码就是把软件设计翻译成计算机可以理解的形式——用某种程序设计语言书写的程序。软件测试仍然是保证软件质量的关键步骤，它是对软件规格说明、设计和编码的最后复审。通常在编写出每个模块之后就对它做必要的测

试(称为单元测试),模块的编写者和测试者是同一个人,编码和单元测试属于软件生命周期的同一个阶段。在这个阶段结束之后,对软件系统还应该进行各种综合测试,这是软件生命周期中的另一个独立的阶段,通常由专门的测试人员承担这项工作。

编码部分在此略过,下面简单介绍一下各个模块的测试计划,项目测试计划与分析方法详见第 7 章。

1. 后台模块的测试计划

(1)登录功能

表 6‑25　登录功能测试计划

测试账号数据	000001	000002	1234567
测试密码数据	123456	1234567	12345
预期结果	成功登录	账号或密码错误	账号、密码格式错误

(2)各类信息管理功能

表 6‑26　信息管理功能测试计划

测试功能	查看用户所有信息	删除指定商品信息	删除指定订单信息
测试数据	SQL 语句	001	g001
预期结果	以表格形式显示	删除成功	订单编码错误

(3)审核功能

表 6‑27　审核功能测试计划

测试审核功能	审核待发布商品	审核买家	审核异常
测试审核数据	001	001	asdaxa
预期结果	通过审核	通过审核	ID 不存在

2. 商城模块的测试计划

(1)登录功能

表 6‑28　登录测试计划表

测试账号数据	zhangqifan	zahngqifan	123
测试密码数据	123	123	123
验证码	正确输入	错误输入	正确输入
预期结果	成功登录	提示验证码错误	提示账号密码错误

(2)个人信息管理功能

表 6‑29　个人信息管理测试计划表

zhangsan	zhangsan	zhangsan	zhangsan
11 位	10 位	11 位	11 位
新头像地址	新头像地址	空	新头像地址
12345	12345	12345	空
修改成功	提示手机号格式不符	提示头像不能为空	提示密码不能为空

（3）投诉功能

表 6‑30　投诉测试计划表

测试商品信息	待投诉商品	待投诉商品
测试投诉信息	填写相关内容	不填写
预期结果	提交	提示投诉内容不能为空

（4）注册功能

表 6‑31　注册测试计划表

测试用户名	123	jianghao	jianghao	jianghao	jianghao
测试密码	123	123	123	123	123
测试昵称	123	123	123	123	123
测试手机号	11 位	11 位	10 位	11 位	11 位
测试身份证号	18 位	18 位	18 位	17 位	18 位
测试验证码	正确填写	正确填写	正确填写	正确填写	错误填写
预期结果	提示用户名不能少于 6 位	注册成功	提示手机号格式不符	提示身份证格式不对	提示验证码错误

（5）下单功能

表 6‑32　下单测试计划表

测试商品信息	随机正常商品	随机正常商品	随机正常商品
测试送货地址	选择地址	不填写地址	选择地址
测试付款确认	确认	确认	未确认
预计结果	成功下单	提示地址未填写	提示未付款
测试商品信息	随机正常商品	随机正常商品	随机正常商品

3.卖家模块的测试计划

（1）登录功能

表 6‑33　登录功能测试计划

测试账号数据	000001	000002	1234567
测试密码数据	123456	1234567	12345
预期结果	成功登录	账号或密码错误	账号、密码格式错误

（2）各类信息管理功能

表 6‑34　信息管理功能测试计划

测试功能	查看用户所有信息	删除指定商品信息	删除指定订单信息
测试数据	SQL 语句	001	g001
预期结果	以表格形式显示	删除成功	订单编码错误

第7章

项目测试计划与测试分析

7.1 测试过程与技术介绍

7.1.1 测试准备

作为测试人员需要学习并了解业务,分析需求点,搞清楚"为什么测试人员要参加需求分析""进行测试需求分析的目的是什么"这两个问题。

首先,把用户需求转化为功能需求,包括:对测试范围进度量、对处理分支进行度量、对需求业务的场景进行度量、明确其功能对应的输入处理和输出、把隐式需求转变为明确的需求。

然后,明确测试活动的几个要素:测试需求是什么、决定怎么测试、明确测试时间、确定测试人员、确定测试环境、测试中需要的技能工具以及相应的背景知识、测试过程中可能遇到的风险等等。测试需求需要做到尽可能的详细明确,以避免测试遗漏和误解。

7.1.2 测试需求分析

测试需求分析阶段的主要任务是:掌握被测试系统的业务过程,阅读需求,理解需求。对业务进行学习,分析需求点。

1. 确认功能

(1)业务功能:与用户实际业务直接相关的功能或者细节。

(2)辅助功能:辅助完成业务功能的一些功能或者细节,例如:设置过滤条件。

(3)数据约束:功能的细节,主要是用于控制在执行功能时,数据的显示范围,数据之间的关系等。

(4)易用性需求:功能的细节,产品中必须提供,便于功能操作使用的一些细节,例如:快捷键等。

(5)编辑约束:功能的细节,在功能执行时,对输入数据项目的一些约束条件,例如:只能输入数字等。

（6）参数需求：功能的细节，在功能执行时，需要根据参数设置不同，进行不同处理的细节。

（7）权限需求：功能的细节，在功能执行的过程，根据不同的权限进行不同的处理，不包括直接限制某个功能的权限。

（8）性能约束：功能的细节，执行功能时，必须满足的性能需求。

2. 场景分析

（1）场景的调用者：分析每一个场景提供的服务是供哪些外部模块或者系统调用的，找出所有调用者、调用前提，调用约束等。每一个调用都看作一个大的业务流程。

（2）系统内部各个场景之间：分析每个场景内部业务流程以及各个场景之间的约束关系、执行条件，组织各种业务流程图。

3. 挖掘隐性需求

在基本了解测试需求之后，需要继续挖掘隐性需求，这需要测试工程师的经验积累，包括：

（1）常用的或者规定的业务流程

（2）各个业务流程分支的遍历

（3）明确规定不可使用的业务流程

（4）没有明确规定但是应该不可使用的业务流程

（5）其他异常或者不符合规定的操作

7.1.3　测试用例设计

测试用例是测试工作的最核心的模块，在执行任何测试之前，首先必须完成测试用例的编写。测试用例是指导执行测试，帮助证明软件功能或发现软件缺陷的一种说明。用例设计好后进行审核。

编写测试用例之前需要对项目的需求有清晰的了解，对要测试什么，按照什么顺序测试，覆盖哪些需求做到心中有数，作为测试用例的编写者不仅了解要有常见的测试用例编写方法，同时需要了解被测软件的设计、功能规格说明、用户试用场景以及程序/模块的结构。

测试用例的设计步骤如下。

1. 测试需求分析

从项目部拿到软件的需求规格说明书后，开始对项目的需求进行分析，通过分析、理解，整理成为测试需求，清楚分析出被测试对象具有哪些功能。明确测试用例中的测试集用例与需求的关系，即一个或多个测试用例集对应一个测试需求。

2. 业务流程分析

分析完需求后，明确每一个功能的业务处理流程，不同的功能点做业务的组合以及项目的隐式需求。如遇复杂的测试用例设计前，先画出软件的业务流程。从业务流程上，应得到以下信息。

（1）主流程是什么？

（2）条件备选流程是什么？

（3）数据流向是什么？

（4）关键的判断条件是什么？

（5）测试用例设计。

3. 测试用例设计

功能测试用例应尽量考虑边界、异常、性能的情况，以便发现更多的隐藏问题。设计测试用例的常见方法有：等价类、边界值、因果图、判定表、状态迁移、正交实验、场景法、错误推断等等。

4. 测试用例评审

（1）测试用例本身的描述是否清晰、语言准确，是否存在二义性。

（2）测试用例内容是否完整，是否清晰地包含输入和预期输出的结果；测试步骤是否清晰。

（3）测试用例中使用的测试数据是否恰当、准确。

（4）测试用例是否具有指导性，是否能灵活地指导软件测试工程师通过测试用例发现更多的缺陷，而不是限制思维。

（5）是否考虑到测试用例执行的效率。对于不断重复执行的步骤，是否保证了验证点相同；或者测试用例的设计是否存在冗余性等。

（6）验证测试用例是否完全覆盖了需求，验证测试用例的覆盖性。

（7）测试用例是否完全遵守了软件需求的规定。考虑到时间/成本的关系，应该视具体情况而定。

5. 测试用例更新完善

测试用例编写完成之后需要不断完善，如遇需求更改或功能新增时，测试用例必须配套修改更新，同时在测试过程中发现设计测试用例时考虑不周，需要对测试用例进行修改完善；在软件交付使用后客户反馈的软件缺陷，而缺陷又是因测试用例存在漏洞造成，也需要对测试用例进行完善。

7.1.4 测试用例执行

首先搭建测试环境，准备好测试数据，进行预测，预测通过之后，按照测试用例进入正式测试，有效的测试执行可以将测试用例发挥最大的价值。因此，测试用例规范执行有助于更好的发现代码中存在的缺陷。好的测试执行应该包含如下内容。

（1）测试执行中评估测试执行时间不足，需及时上报风险。满足质量优先，进度其次原则。

（2）测试用例按优先级顺序执行，通常是基本、详细和异常顺序执行。

（3）未执行用例、标志为删除或者无效的用例，需注明原因。

（4）执行过程中有疑问的测试用例（场景、操作步骤、检查点等）需要与测试设计人员核对确认。

（5）测试执行需对用例描述的检查点逐一检查，避免遗漏。

（6）重视不易重现的缺陷场景，可能是一个 bug。

（7）执行过程中发现有前期设计遗漏用例需补充到用例文档并执行验证。

（8）测试人员交叉执行重复测试用例。

（9）保留测试结果，便于不同版本间的测试结果对比。

（10）已确认的问题及时提交。

（11）跟踪问题单修复情况并回归验证。

（12）测试结束，将最终测试用例文档存档，实现用例重用。

在测试用例执行过程中，包含功能测试阶段、缺陷跟踪阶段、回归测试阶段、系统测试阶段、验收测试阶段等。系统已满足测试条件（开发完成），按照已经评审过的测试用例依次执行，执行过程中及时记录问题，将问题及时提交，跟踪缺陷。等开发修复后进行回归测试，确认修复后关闭缺陷，如果说该问题要更新而生产上未进行验证，就把缺陷状态改为生产未验证。对有异议的缺陷经甲方、开发和测试三方进行沟通讨论，由甲方最终确定处理方式。在测试过程中也会碰到对需求有异议，反馈给经理，由经理与甲方沟通来对该需求提出可行性建议。

7.1.5　编写测试报告

已达到准出要求的根据测试情况写测试报告，对整个测试过程和版本的质量做一个评估。测试报告是指把测试的过程和结果写成文档，对发现的问题和缺陷进行分析，为纠正软件的存在的质量问题提供依据，同时为软件验收和交付打下基础。测试报告是测试阶段最后的文档产出物。优秀的测试经理或测试人员应该具备良好的文档编写能力，一份详细的测试报告包含足够的信息，包括产品质量和测试过程的评价，测试报告基于测试中的数据采集以及对最终的测试结果分析。

7.2　测试工具与测试环境

自动化测试工具的种类众多，实践中根据软件系统的特征选取合适的工具完成测试工作。本小节对常见的自动化测试用具做介绍。

7.2.1　IBM Rational 测试工具

1. IBM Rational Functional Tester 简介

IBM Rational Functional Tester（以下简称 RFT）是一款先进的、自动化的功能和回归测试工具，它适用于测试人员和 GUI 开发人员。使用它，测试新手可以简化复杂的测试任务，很快上手；测试专家能够通过选择工业标准化的脚本语言，实现各种高级定制功能。通过 IBM 的最新专利技术，例如基于 Wizard 的智能数据驱动的软件测试技术、提高测试脚本重用的 ScriptAssurance 技术等等，大大提高了脚本的易用性和可维护能力。同时，它第一次为 Java 和 Web 测试人员，提供了和开发人员同样的操作平台（Eclipse），并通过提供与 IBM Rational 整个测试生命周期软件的完美集成，真正实现了一个平台统一整个软件开发团队的能力。

IBM Rational Functional Tester 的启动界面如图 7-1 所示。

图 7 - 1   IBM Rational Functional Tester 启动界面

RFT 的基础是针对 Java、.NET 的对象技术和基于 Web 应用程序的录制、回放功能。工具为测试者的活动提供的自动化的帮助,如数据驱动测试。

当记录脚本时,RFT 会为被测的应用程序自动创建测试对象地图。对象地图中包含了对每个对象的识别属性。当在对象地图中更新记录信息时,任何使用了该对象地图的脚本会共享更新的信息,减少了维护的成本及整个脚本开发的复杂度。对象地图还会提供快速的方法向脚本中添加对象。它列出应用程序中涉及的测试对象,不论它们当前是否可视。可以通过依据现有地图或按需添加对象来创建新的测试对象地图。

在记录过程中可以将验证点插入脚本中以确定在被测应用程序建立过程中对象的状态。验证点获取对象信息(根据验证点的类型,可以是对象属性验证点或五种数据验证点之一,菜单层次、表格、文本、树形层次或列表)并在基本数据文件中存储。文件中的信息成为随后的建立过程中对象的期望状态。在执行完测试之后,您可以使用验证点比较器(Verification Point Comparator)进行分析,如果对象的行为变化了就更新基线(期望的对象状态)。

RFT 的功能:

(1)回放更新的应用程序脚本

ScriptAssure 特性是 RFT 的对象识别技术,可以成功地回放脚本,甚至在被测应用程序已经更新的时候。可以为测试对象必须通过的、用来作为识别候选的识别记分设置门槛,并且如果 RFT 接受了一个分值高于指定门槛的候选,还可以向日志文件中写入警告。

(2)更新对象的识别属性

在测试对象地图中,可以对所选的测试对象更新识别到的属性。RFT 显示了【Update Recognition Properties】页,其显示出更新的测试对象属性、原始的识别属性和对象所有的识别属性。如果必要,可以修改更新的识别属性。

（3）合并多个测试对象地图

对象地图要么是共享的要么是专用的。专用地图附属于一个脚本并只由具体的脚本进行访问,反之,共享的地图由多个脚本共享。共享地图的优势是当需要更新对象时,只有对应一个地图的一个更新会确定多个脚本。可以在 RFT 的项目视图中并且在创建新测试对象地图时,将多个私有的或共享的测试对象地图合并成一个单个的共享测试对象地图。RFT 可以随意地更新所选择的指向新合并的测试对象地图的脚本。

（4）显示相关的脚本

在测试对象地图中,可以观察到一列表与地图相关的脚本,且可以使用该列表来选择要添加测试对象的多个脚本。

（5）使用基于模式的对象识别

用正则表达式或一个数值范围来代替允许基于模式的识别。允许对象识别具有更好的灵活性。可以将属性转变成验证点编辑器（Verification Point Editor）或测试对象地图中的正则表达式和数值范围。正则表达式计算器（Regular Expression Evaluator）允许在编辑表达式时进行测试,这节省下了不得不运行脚本观察模式是否工作的时间。

（6）集成 UCM

RFT 在 ClearCase 统一变更管理（Unified Change Management,UCM）的视图中。RFT 中创建的工件是可以进行版本控制的。

IBM Rational Functional Tester 的工作界面如图 7-2 所示。

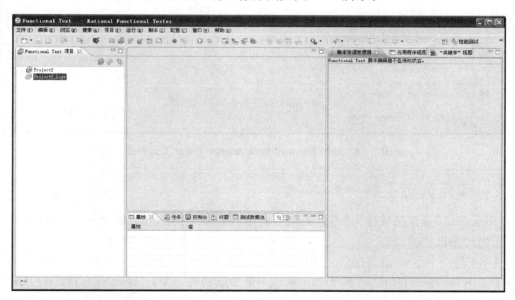

图 7-2　IBM Rational Functional Tester 工作界面

2. IBM Rational Performance Tester 简介

IBM Rational Performance Tester（以下简称 RPT）是 IBM 基于 Eclipse 平台及开源的测试及监控框架 Hyades,开发出来的最新性能测试解决方案。它可以有效地帮助测试人员和性能工程师验证系统的性能,识别和解决各种性能问题。它适用于性能测试人员和性能优化人员,用于开发团队在部署基于 HTTP 和 HTTPs 通信协议的 Web 应用程序前,验证其可扩展性、性能和可靠性。在为性能测试员和性能优化人员提供了前面所提到的各种性能测试能力以外,它还提供了可视化编辑器,一方面可以使新的测试人员可以在无须培训和编程的情况下,即可快速上手完成性能测试;另一方面,也为需要高级分析和自定义选项的专家级测试人员,提供了对丰富的测试信息的访问和定制能力、自定义 Java 代码插入执行能力、自动检测和处理可变数据的能力。此外,通过和 IBM Rational 的整个软件平台的完美集成,它第一次为基于 Eclipse 的 Web 和 J2EE 应用系统的性能测试人员,提供了和开发人员同样的操作平台,真正实现了一个平台、统一软件开发团队和性能测试团队的能力。

IBM Rational Performance Tester 的工作界面如图 7 - 3 所示。

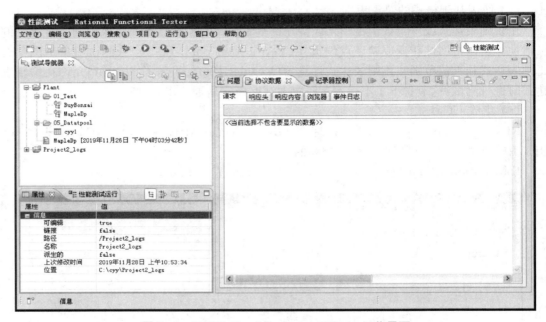

图 7 - 3   IBM Rational Performance Tester 工作界面

7.2.2   单元测试工具

"单元测试"通常又被称为"白盒测试",就是对软件中最小可测单元或单元之间的逻辑关系所做的测试和验证。

JUnit 是一个 Java 语言的单元测试框架。它由 Kent Beck 和 Erich Gamma 建立,逐渐成为源于 Kent Beck 的 sUnit 的 xUnit 家族中最为成功的一个。JUnit 有它自己的 JUnit 扩展生态圈。多数 Java 的开发环境都已经集成了 JUnit 作为单元测试的工具。

JUnit 是由 Erich Gamma 和 Kent Beck 编写的一个回归测试框架(Regression Testing Framework)。JUnit 测试是程序员测试,即所谓白盒测试,因为程序员知道被测试的软件如何(How)完成功能和完成什么样(What)的功能。JUnit 是一套框架,继承 TestCase 类,就可以用 JUnit 进行自动测试了。

JUint 工作界面如图 7 - 4 所示。

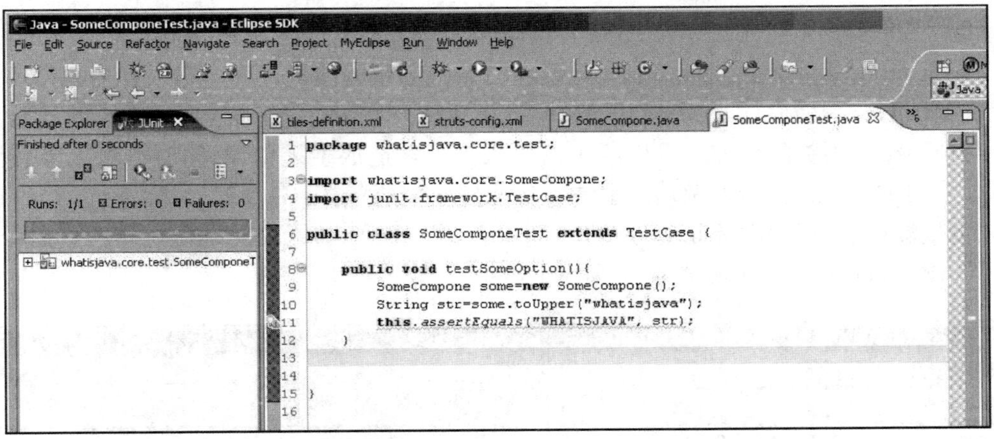

图 7 - 4　JUint 工作界面

7.2.3　其他常见测试工具

1. Selenium 简介

Selenium 是为正在蓬勃发展的 Web 应用开发的一套完整的测试系统。Selenium 测试直接运行在浏览器中，就像真正的用户在操作一样。它的主要功能包括：测试与浏览器的兼容性——测试你的应用程序看是否能够很好地工作在不同浏览器和操作系统之上；测试系统功能——创建衰退测试检验软件功能和用户需求；支持自动录制动作和自动生成。Selenium 的核心 Selenium Core 基于 JSUnit，完全由 JavaScript 编写，因此可运行于任何支持 JavaScript 的浏览器上，包括 IE、Mozilla Firefox、Chrome、Safari 等。

Selenium 工作界面如图 7 - 5 所示。

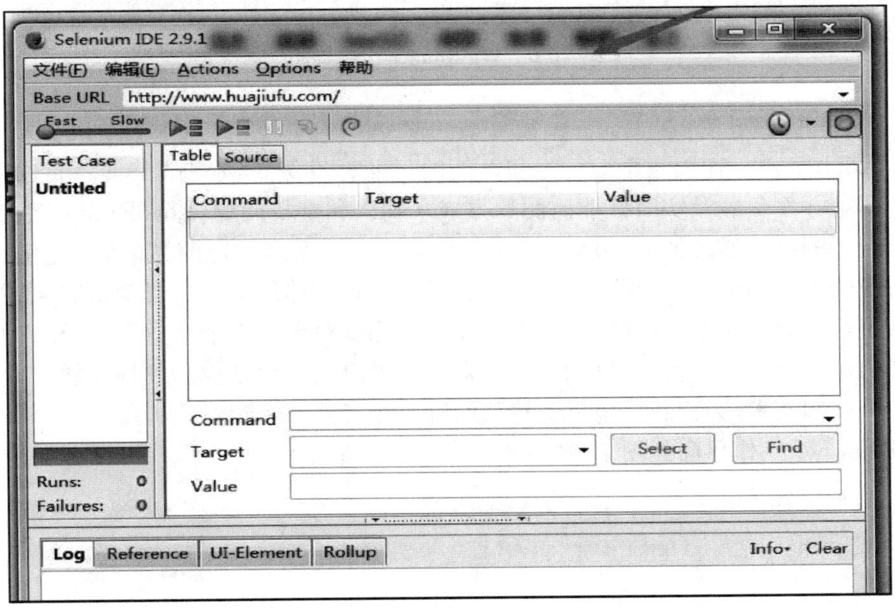

图 7 - 5　Selenium 工作界面

2. WinRunner 简介

WinRunner 最主要的功能是自动重复执行某一固定的测试过程。它以脚本的形式记录下手工测试的一系列操作,在环境相同的情况下重放,检查其在相同的环境中有无异常的现象或与预期结果不符的地方。可以减少由于人为因素造成结果错误,同时也可以节省测试人员大量测试时间和精力来做别的事情。功能模块主要包括:GUI Map、检查点、TSL 脚本编程、批量测试、数据驱动等几部分。

WinRunner 工作界面如图 7-6 所示。

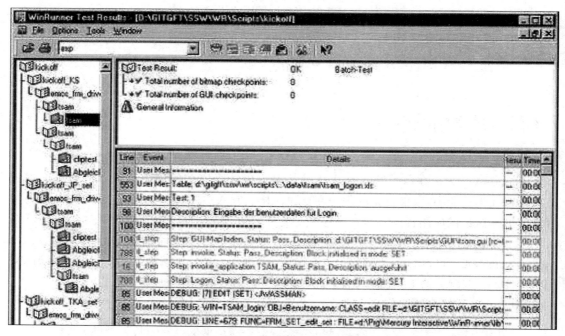

图 7-6　WinRunner 工作界面

3. LoadRunner 简介

LoadRunner 是一种预测系统行为和性能的工业标准级负载测试工具。通过以模拟上千万用户实施并发负载及实时性能监测的方式来确认和查找问题,LoadRunner 能够对整个企业架构进行测试。通过使 LoadRunner,企业能最大限度地缩短测试时间,优化性能和加速应用系统的发布周期。LoadRunner 是一种适用于各种体系架构的自动负载测试工具,它能预测系统行为并优化系统性能。LoadRunner 的测试对象是整个企业的系统,它通过模拟实际用户的操作行为和实行实时性能监测,来帮助用户更快地查找和发现问题。此外,还支持广泛的协议和技术,为特殊环境提供特殊的解决方案。

LoadRunner 工作界面如图 7-7 所示。

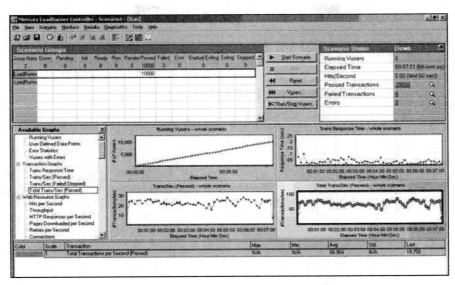

图 7－7　**LoadRunner** 工作界面

4. QuickTest Professional 简介

QuickTest Professional 是一个 B/S 系统的自动化功能测试的利器,软件程序测试工具。Mercury 的自动化功能测试软件 QuickTest Professional,可以覆盖绝大多数的软件开发技术,简单高效,并具备测试用例可重用的特点。Mercury QuickTest Pro 是一款先进的自动化测试解决方案,用于创建功能和回归测试。它自动捕获、验证和重放用户的交互行为。Mercury QuickTest Pro 为每一个重要软件应用和环境提供功能和回归测试自动化的行业最佳解决方案。QuickTest Professional 工作界面如图 7－8 所示。

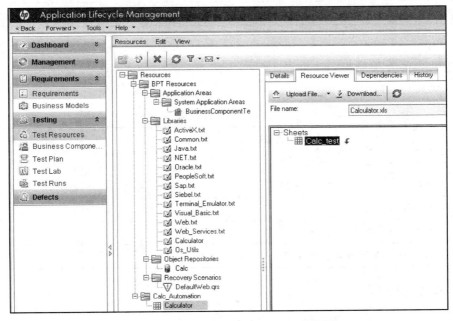

图 7－8　**QuickTest Professional** 工作界面

7.3 项目测试计划说明书实例

【C2C 电子商务平台项目测试计划说明书】

1 引言

1.1 编写目的

本文档主要阐释电子商务交易平台测试过程的细节,未测试工作提供框架和规范。对测试的工具、环境、策略以及步骤事先计划并设计,对所需的资源以及测试的工作量进行估计。

1.2 背景

(1)测试计划所属系统

电子商务交易平台。

(2)开发历史

表 G-1 开发历史

开发内容	开发时间	开发时长
拟定项目开发计划	××××年××月××日	××天
系统可行性分析	××××年××月××日	××天
软件需求说明	××××年××月××日	××天
概要设计	××××年××月××日	××天
详细设计	××××年××月××日	××天
系统实现	××××年××月××日	××天

(3)用户

电商顾客、平台管理员。

1.3 定义

表 G-2 项目定义

序号	详细名称	简称
1	具有浏览权限而未注册的用户	游客
2	已经注册并且申请成为卖家的用户	卖家
3	已经注册的用户	买家
4	管理后台信息和管理信息的用户	管理员
5	Microsoft .Windows 操作系统	Windows

1.4 参考资料(略)

2　计划

2.1　软件说明

表 G - 3　软件测试说明

系统功能	输入	输出
管理员登录	用户名和密码	登录成功,跳转主页面
用户信息管理	用户名搜索、删除用户	用户信息、删除成功
订单信息管理	点击订单、查看订单信息	订单信息、删除成功
新商品审核	点击商品审核按钮	审核成功
商品信息管理	查看商品信息、删除商品	商品信息、删除成功
商品评价管理	查看商品评价、删除评价	商品评价、删除成功
投诉信息管理	查看投诉信息、删除投诉信息	投诉信息、处理成功
卖家身份审核	点击确认	审核成功
卖家登录	用户名和密码	登录成功
商品发货	已发货按钮	发货成功
商品管理	删除商品、查看商品	删除成功、商品信息
查看评价	查看商品评价	评价信息
用户注册	用户名、密码、手机号、身份证号、确认密码、昵称和验证码	注册成功
用户登录	用户名、密码和验证码	登录成功
选择商品	点击商品	商品信息
买家申请卖家权限	点击申请按钮	请求提交
购物车管理	清空购物车、删除和下单	购物车商品信息
订单管理	查看订单、删除订单	订单信息、删除成功
确认收货	确认收货	收货成功
商品收藏管理	点击收藏、取消收藏	收藏成功
投诉卖家	投诉的信息	投诉成功
商品捐赠	点击捐赠	捐赠成功

2.2　测试内容

表 G - 4　模块功能测试内容

名称	模块功能测试
进度安排	××××年××月××日～××××年××月××日

续　表

名称	模块功能测试
测试模块	管理员登录、用户信息管理、订单信息管理、订单信息管理、新商品审核、商品信息管理、商品评价管理、投诉信息管理、卖家身份审核、卖家登录、商品发货、商品管理、查看评价、回复评价、用户注册、用户登录、选择商品、买家申请卖家权限、购物车管理、订单管理、确认收货、商品收藏管理、投诉卖家、商品捐赠
测试内容	验证输入正确数据时,结果能否与设计期望相符 验证在执行操作后,结果能否与设计期望相符
测试目的	核实功能模块是否正常实现

表 G‑5　接口正确性测试内容

名称	接口正确性测试
进度安排	××××年××月××日～××××年××月××日
测试内容	检测外部系统与系统间以及内部各个子系统之间的交互能否实现
测试目的	核实模块之间的调转是否正常实现

表 G‑6　运行时间测试内容

名称	运行时间测试
进度安排	××××年××月××日～××××年××月××日
测试内容	对系统的运行时间进行检测
测试目的	核实系统运行时间是否达到预计的要求

2.3　测试参与单位

2.3.1　进度安排

测试日期:××××年××月××日进行测试计划安排,××××年××月××日完成测试

熟悉环境:Windows 10

2.3.2　条件

系统在 Windows 环境下运行,硬件、软件和支持平台都满足用户的需求。

表 G‑7　硬件条件说明

硬件设备	条　件
CPU	英特尔(Intel)8 代酷睿 i7 8700 盒装 CPU 六核电脑台式处理器
内存	金士顿(Kingston)黑客神条 Savage 系列 DDR3 1600 16GB(8GBx2)台式机内存
显卡	七彩虹(Colorful)iGame GeForce GTX 1660 Ultra 6G GDDR5
硬盘	西部数据(WD)蓝盘 4TB SATA6Gb/s 64MB 台式机械硬盘(WD40EZRZ)

测试人员人数:7 人

储备知识:具有测试的专业技能、计算机专业技能和软件编程技能

2.3.3　测试资料

任务文件：

项目开发计划说明书

可行性研究报告

软件需求说明书

概要设计说明书

详细设计说明书

测试程序及媒体：

电子商务交易平台,本地服务器

测试的输入和输出举例：

输入：账户：admin

密码：123

输出：登录成功

2.3.4　测试培训

培训内容：此程序的使用过程以及系统的进行测试结果记录

受培训的人员：×××、×××、×××、×××、×××

从事培训的人员：×××、×××

3　测试设计说明

控制方式：人工

输入策略：等价划分

3.1　后台管理子系统测试

表 G-8　管理员登录模块测试用例

输入			输　出
账号	密码	验证码	
（空格）	154522	正确	提示错误
123452	（空格）	正确	提示错误
（空格）	（空格）	正确	提示错误
admin	123	正确	提示登录成功,跳转主页面
154522	154522	错误	提示错误
过程			打开网站→输入账号→输入密码→输入验证码→点击登录 打开网站→输入账号→输入密码→输入验证码→点击取消

表 G-9　审核商品模块测试用例

输入	输　出
同意审核	提示操作成功,商品审核通过
拒绝审核	提示操作成功,商品审核失败

续 表

输入	输 出
过程	审核商品页面→查看审核信息→点击同意→查看数据库商品信息表→确认商品信息是否添加成功 审核商品页面→查看审核信息→点击拒绝→查看数据库商品信息表→确认商品信息是否添加失败

表 G-10　查看商品模块测试用例

输入	输 出
6	显示商品编号中含有"6"的商品
（空格）	显示所有商品信息
中文字符	不显示商品信息
1000（没有的商品码）	显示商品信息
过程	商品搜索页面→输入搜索信息→点击搜索

表 G-11　删除商品模块测试用例

输入	输 出
无	提示操作成功,商品信息已删除
过程	商品删除页面→点击删除→查看商品信息页面→搜索已删除商品,查看是否删除成功 商品删除页面→点击取消→查看商品信息页面→搜索已删除商品,查看是否删除成功

表 G-12　查看用户信息模块测试用例

输入	输 出
1(已有用户编码)	显示编码为"1"的用户信息
（空格）	显示所有用户信息
中文字符	不显示用户信息
1000（没有的用户编码）	显示用户信息
过程	用户信息搜索页面→输入搜索信息→点击搜索

表 G-13　审核卖家权限模块测试用例

输入	输 出
点击申请卖家权限	申请已提交
过程	卖家权限审核页面→点击查看审核信息→点击确认→用户信息页面→查看用户买家权限 卖家权限审核页面→点击查看审核信息→点击取消→用户信息页面→查看用户买家权限

表 G-14　查看订单信息模块测试用例

输入	输 出
点击查看订单	订单信息
过程	订单信息页面→查看订单信息

表 G-15　删除订单

输入	输 出
点击删除	删除成功
过程	订单信息页面→点击删除→重载→搜索已删除订单,查看是否删除成功

表 G-16　删除评价信息模块测试用例

输入	输 出
点击删除	删除成功
过程	评价信息页面→点击删除→重载→搜索已删除订单,查看是否删除成功

表 G-17　查看评价信息模块测试用例

输入	输 出
点击查看评价	评价信息
过程	评价信息页面→点击确定→查看评价

表 G-18　查看投诉信息模块测试用例

输入	输 出
点击查看投诉信息	投诉信息
过程	投诉信息页面→查看投诉信息

表 G-19　删除投诉信息模块测试用例

输入	输 出
点击删除	删除成功
过程	投诉信息页面→点击删除→重载→查看是否删除成功 投诉信息页面→点击取消→查看是否删除

3.2　卖家商品管理子系统测试

表 G-20　卖家登录模块测试用例

输入			输 出
账号	密码	验证码	
(空格)	154522	正确	提示错误

续　表

输入			输　出
账号	密码	验证码	
123452	（空格）	正确	提示错误
（空格）	（空格）	正确	提示错误
154522	154522	正确	跳转主页面
154522	154522	错误	提示错误
过程			打开网站→输入账号→输入密码→输入验证码→点击登录 打开网站→输入账号→输入密码→输入验证码→点击取消

表 G‑21　查看评价模块测试用例

输入	输　出
点击查看评价	商品评价信息
过程	跳转评价信息页面→查看评价信息

表 G‑22　发布商品模块测试用例

输　入	输　出
名称:空 价格:100 数量:100 公益金:100 商品图片:图片文件 商品描述:图片文件	提示错误
名称:123 价格:空 数量:100 公益金:100 商品图片:图片文件 商品描述:图片文件	提示错误
名称:123 价格:100 数量:空 公益金:100 商品图片:图片文件 商品描述:图片文件	提示错误
名称:123 价格:100 数量:100 公益金:空 商品图片:图片文件 商品描述:图片文件	提示错误

输　　入	输　　出
名称:123 价格:100 数量:100 公益金:100 商品图片:非图片文件 商品描述:图片文件	提示错误
名称:123 价格:100 数量:100 公益金:100 商品图片:图片文件 商品描述:非图片文件	提示错误
名称:123 价格:100 数量:100 公益金:100 商品图片:图片文件 商品描述:图片文件	提示添加成功,跳转商品管理界面
过程	发布商品页面→输入商品信息→点击发布→后台商品审核页面,查看是否有提交的商品信息 发布商品页面→输入商品信息→点击取消→后台商品审核页面,查看是否有提交的商品信息

表 G‑23　修改商品信息模块测试用例

输　　入	输　　出
名称:空 价格:100 数量:100 公益金:100 商品图片:图片文件 商品描述:图片文件	提示错误
名称:123 价格:空 数量:100 公益金:100 商品图片:图片文件 商品描述:图片文件	提示错误
名称:123 价格:100 数量:空 公益金:100 商品图片:图片文件 商品描述:图片文件	提示错误

输　入	输　出
名称:123 价格:100 数量:100 公益金:空 商品图片:图片文件 商品描述:图片文件	提示错误
名称:123 价格:100 数量:100 公益金:100 商品图片:非图片文件 商品描述:图片文件	提示错误
名称:123 价格:100 数量:100 公益金:100 商品图片:图片文件 商品描述:非图片文件	提示错误
名称:123 价格:100 数量:100 公益金:100 商品图片:图片文件 商品描述:图片文件	提示修改成功,跳转商品管理界面
过程	修改商品信息页面→输入商品信息→点击修改→后台商品信息页面,查看是否有更新的商品信息 修改商品信息页面→输入商品信息→点击取消→后台商品信息页面,查看是否有更新的商品信息

表 G - 24　查看商品模块测试用例

输入	输　出
点击查看商品	商品信息
过程	商品页面→查看商品

表 G - 25　删除商品模块测试用例

输入	输　出
点击删除	删除成功
过程	商品信息页面→点击删除→重载→查看商品是否删除成功 商品信息页面→点击取消→查看商品是否删除

3.3　商城子系统测试

表 G-26　用户注册模块测试用例

输　入	输　出
用户名:4654 密码:1111 确认密码:1111 昵称:1111 手机号:11111111111 身份证号:11111111111111111 验证码:frefr(正确)	用户名格式错误
用户名:333333 密码:435345 确认密码:342 昵称:123124 手机号:11111111111 身份证号:11111111111111111 验证码:frefr(正确)	两次密码输入不一致
用户名:333333 密码:435345 确认密码:435345 昵称:123124 手机号:111111111 身份证号:11111111111111111 验证码:frefr(正确)	手机号格式错误
用户名:333333 密码:435345 确认密码:435345 昵称:123124 手机号:11111111111 身份证号:1111111111 验证码:frefr(正确)	身份证号格式错误
用户名:333333 密码:435345 确认密码:435345 昵称:123124 手机号:11111111111 身份证号:11111111111111111 验证码:frefr(错误)	验证码错误
用户名:333333 密码:435345 确认密码:435345 昵称:123124 手机号:11111111111 身份证号:11111111111111111 验证码:frefr(正确)	提示注册成功,点击确定,跳转登录页面

续　表

输　入	输　出
过程	用户注册页面→输入用户信息→点击注册→后台用户信息页面,查看用户信息是否注册 用户注册页面→输入用户信息→点击取消→后台用户信息页面,查看用户信息是否注册

表 G-27　用户登录模块测试用例

输入			输　出
账号	密码	验证码	
(空格)	154522	正确	提示错误
123452	(空格)	正确	提示错误
(空格)	(空格)	正确	提示错误
154522	154522	正确	跳转主页面
154522	154522	错误	提示错误
过程			打开网站→输入账号→输入密码→输入验证码→点击登录 打开网站→输入账号→输入密码→输入验证码→点击取消

表 G-28　浏览商品模块测试用例

输入	输　出
无	商品信息
过程	商城界面→查看商品

表 G-29　查找商品模块测试用例

输入	输　出
6	显示商品编号中含有"6"的商品
(空格)	显示所有商品信息
中文字符	不显示商品信息
1000(没有的商品码)	显示商品信息
过程	商品搜索页面→输入搜索信息→点击搜索

表 G-30　买家申请成为卖家模块测试用例

输入	输　出
点击申请成为卖家	申请已提交
过程	申请卖家权限页面→点击申请→后台审核卖家页面,查看是否有申请信息

表 G-31 买家确认收货模块测试用例

输入	输出
无	收货成功
过程	确认收货页面→点击确认收货→后台查看订单信息页面→查看订单是否已收货 确认收货页面→点击取消→后台查看订单信息页面→查看订单是否已收货

表 G-32 买家投诉卖家模块测试用例

输入	输出
（空格）	显示商品编号中含有"6"的商品
1453	显示所有商品信息
aaaa	不显示商品信息
赵虎	显示商品信息
过程	点击投诉→输入投诉信息→点击确定→后台管理员查看投诉信息是否生成 点击投诉→输入投诉信息→点击取消→后台管理员查看投诉信息是否生成

表 G-33 商品捐赠模块测试用例

输入	输出
点击捐赠	捐赠成功
过程	商品信息页面→点击捐赠→用户订单页面→查看商品是否捐赠

表 G-34 购物车管理模块测试用例

输入	输出
提交订单	跳转填写订单页面
删除	删除成功
清空购物车	清空成功,购物车被清空
过程	商城页面点击购物车→查看购物车→提交订单→填写订单页面 商城页面点击购物车→查看购物车→点击删除 商城页面点击购物车→查看购物车→清空购物车→重载→查看购物车是否清空

表 G-35 收藏商品模块测试用例

输入	输出
点击收藏	收藏成功
过程	商城界面→点击商品→点击收藏→点击收藏商品页面→查看商品是否已收藏

表 G - 36　删除收藏商品模块测试用例

输　入	输　　出
点击删除	删除成功
过程	收藏商品页面→点击删除→查看商品是否删除

表 G - 37　下单模块测试用例

输　入	输　　出
正确地址 正确收货人 正确电话 点击下单按钮	您已下单成功
正确地址 不正确收货人 正确电话 点击下单按钮	您已下单成功
不正确地址 正确收货人 正确电话 点击下单按钮	您已下单成功
正确地址 正确收货人 不正确电话 点击下单按钮	您已下单成功
过程	下单页面→点击购买→订单页面,查看是否生成订单→收货页面,查看是否可收货

表 G - 38　订单评价模块测试用例

输　入	输　　出
(空格)	评价成功
过程	订单评价页面→输入评价→提交评价→商品信息评价页面,查看商品是否有发布的评价

表 G - 39　订单查询模块测试用例

输　入	输　　出
点击查看订单	订单信息
过程	订单页面→查看订单是否删除

4　评价准则

4.1　范围

范围:所使用的测试用例都是已知,数据较全面,能够测试到系统的基本功能和数据。

局限性:系统较小型,不能测试高并发的测试用例。

4.2　数据整理

数据整理采用手工形式,在测试人员对系统进行测试时,对出现的问题,以文档的形式进行记录。

4.3　尺度

合理的输出结果的类型:数值型、字符型、表单

测试输出结果:文档表格

允许中断或停机的最大次数:1 次

7.4　项目测试分析说明书实例

【C2C电子商务平台项目测试分析说明书】

1　引言

1.1　编写目的

在测试分析的基础上,进行测试后需要对测试的结果以及测试的数据等加以记录和分析总结,它是测试过程的一个重要的环节,同时,它也是对软件性能的一个总的分析和对认识不足的说明。为以后的软件开发程序提供了丰富的经验。

预期读者:软件开发者

1.2　背景

表 H‑1　项目开发背景

系统名称	电子商务交易平台
委托人	计算机工程学院
开发者	江苏海洋大学软件、软嵌 161 第 9 开发小组
用户	电商顾客、平台管理员
测试与实际环境差异	被测试环境与实际运行环境之间差异小,测试准确性高

1.3　定义

表 H‑2　项目定义

序号	详细名称	简称
1	具有浏览权限而未注册的用户	游客
2	已经注册并且申请成为卖家的用户	卖家
3	已经注册的用户	买家
4	管理后台信息和管理信息的用户	管理员

1.4　参考资料(略)

2　测试概要

表 H‑3　测试概要

测试内容	差别	原因
用户注册	无	无
用户登录	无	无
选择商品	无	无
买家申请卖家权限	无	无
购物车管理	无	无
订单管理	无	无
确认收货	无	无
商品收藏管理	无	无
订单评价	无	无
投诉卖家	无	无
个人信息管理	无	无
商品捐赠	无	无
卖家登录	无	无
商品发货	无	无
商品管理	无	无
查看评价	无	无
商品查询	无	无
管理员登录	无	无
用户信息管理	无	无
订单信息管理	无	无
新商品审核	无	无
商品信息管理	无	无
商品评价管理	无	无
投诉信息管理	无	无
卖家身份审核	无	无

3　测试结果及发现

3.1　后台管理子系统测试

表 H‑4　管理员登录模块测试结果

输入	实际输出	计划输出	结果
账号:(空格) 密码:123 验证码:正确	提示错误	提示错误	正确

续　表

输入	实际输出	计划输出	结果
账号:admin 密码:(空格) 验证码:正确	提示错误	提示错误	正确
账号:(空格) 密码:(空格) 验证码:正确	提示错误	提示错误	正确
账号:admin 密码:123 验证码:错误	提示错误	提示错误	正确
账号:admin 密码:123 验证码:正确	提示登录成功,跳转主页面	提示登录成功,跳转主页面	正确

表 H-5　审核商品模块测试结果

输入	实际输出	计划输出	结果
同意审核	提示操作成功,商品审核显示已通过	提示操作成功,商品审核显示已通过	正确
拒绝审核	提示操作成功,商品审核显示已拒绝	提示操作成功,商品审核显示已拒绝	正确

表 H-6　查看商品模块测试结果

输入	实际输出	计划输出	结果
已有商品码	显示商品内容	显示商品内容	正确
1000(没有的商品码)	显示商品内容	显示空	正确
(空格)	显示所有商品内容	显示所有商品内容	正确
中文字符	显示空	显示空	正确

表 H-7　删除商品模块测试结果

输入	实际输出	计划输出	结果
确认删除	提示操作成功,商品信息删除	提示操作成功,商品信息删除	正确

表 H-8　查看用户信息模块测试结果

输入	实际输出	计划输出	结果
已有用户编码	显示用户信息	显示用户信息	正确
1000(没有的用户编码)	显示为空	显示为空	正确
(空格)	显示所有用户	显示所有用户	正确
中文字符	显示为空	显示为空	正确

表 H-9   删除用户信息模块测试结果

输入	实际输出	计划输出	结果
确认删除	提示操作成功,用户信息删除	提示操作成功,用户信息删除	正确

表 H-10   审核卖家权限模块测试结果

输入	实际输出	计划输出	结果
同意审核	提示操作成功,卖家审核显示已通过	提示操作成功,卖家审核显示已通过	正确
拒绝审核	提示操作成功,卖家审核显示已拒绝	提示操作成功,卖家审核显示已拒绝	正确

表 H-11   查看订单信息模块测试结果

输入	实际输出	计划输出	结果
已有订单编码	显示订单信息	显示订单信息	正确
1000(没有的订单编码)	显示为空	显示为空	正确
(空格)	显示所有订单	显示所有订单	正确
中文字符	显示为空	显示为空	正确

表 H-12   删除订单信息模块测试结果

输入	实际输出	计划输出	结果
确认删除	提示操作成功,订单信息删除	提示操作成功,订单信息删除	正确

表 H-13   查看评价信息模块测试结果

输入	实际输出	计划输出	结果
已有评价编码	显示评价信息	显示评价信息	正确
1000(没有的评价编码)	显示为空	显示为空	正确
(空格)	显示所有评价	显示所有评价	正确
中文字符	显示为空	显示为空	正确

表 H-14   删除评价信息模块测试结果

输入	实际输出	计划输出	结果
确认删除	提示操作成功,评价信息删除	提示操作成功,评价信息删除	正确

表 H-15   查看投诉信息模块测试结果

输入	实际输出	计划输出	结果
已有投诉编码	显示投诉信息	显示投诉信息	正确
1000(没有的投诉编码)	显示为空	显示为空	正确
(空格)	显示所有投诉	显示所有投诉	正确

输入	实际输出	计划输出	结果
中文字符	显示为空	显示为空	正确

表 H‑16　删除投诉信息模块测试结果

输入	实际输出	计划输出	结果
确认删除	提示操作成功,投诉信息删除	提示操作成功,投诉信息删除	正确

3.2　商城子系统测试

表 H‑17　用户注册模块测试结果

输入	实际输出	计划输出	结果
用户名:4654 密码:1111 确认密码:1111 昵称:1111 手机号:11111111111 身份证号:1111111111111111 验证码:frefr(正确)	填写格式错误	填写格式错误	正确
用户名:333333 密码:435345 确认密码:342 昵称:123124 手机号:11111111111 身份证号:1111111111111111 验证码:frefr(正确)	两次密码输入不一致	两次密码输入不一致	正确
用户名:333333 密码:435345 确认密码:435345 昵称:123124 手机号:111111111 身份证号:1111111111111111 验证码:frefr(正确)	手机号格式错误	手机号格式错误	正确
用户名:333333 密码:435345 确认密码:435345 昵称:123124 手机号:11111111111 身份证号:1111111111 验证码:frefr(正确)	身份证号格式错误	身份证号格式错误	正确

续 表

输入	实际输出	计划输出	结果
用户名:333333 密码:435345 确认密码:435345 昵称:123124 手机号:11111111111 身份证号:1111111111111111 验证码:frefr(错误)	验证码错误	验证码错误	正确
用户名:333333 密码:435345 确认密码:435345 昵称:123124 手机号:11111111111 身份证号:1111111111111111 验证码:frefr(正确)	提示注册成功,点击确定, 跳转登录页面	提示注册成功,点击确定, 跳转登录页面	正确

表 H‐18 用户登录模块测试结果

输入			实际输出	计划输出	结果
账号	密码	验证码			
(空格)	154522	正确	提示错误	提示错误	正确
123452	(空格)	正确	提示错误	提示错误	正确
(空格)	(空格)	正确	提示错误	提示错误	正确
154522	154522	正确	跳转主页面	跳转主页面	正确
154522	154522	错误	提示错误	提示错误	正确

表 H‐19 浏览商品模块测试结果

输入	实际输出	计划输出	结果
无	商品信息	商品信息	正确

表 H‐20 查找商品模块测试结果

输入	实际输出	计划输出	结果
手机	显示所有手机	显示所有手机	正确
(空格)	显示所有商品信息	显示所有商品信息	正确
马桶(没有的商品)	不显示商品	不显示商品	正确

表 H‐21 买家申请成为卖家模块测试结果

输入	实际输出	计划输出	结果
点击申请成为卖家	等待管理员审核	等待管理员审核	正确

表 H-22　买家确认收货模块测试结果

输入	实际输出	计划输出	结果
无	收货成功	收货成功	正确

表 H-23　买家投诉卖家模块测试结果

输入	实际输出	计划输出	结果
投诉内容	显示投诉成功	显示投诉成功	正确

表 H-24　商品捐赠模块测试结果

输入	实际输出	计划输出	结果
点击捐赠	捐赠成功	捐赠成功	正确

表 H-25　购物车管理模块测试结果

输入	实际输出	计划输出	结果
提交订单	跳转填写订单页面	跳转填写订单页面	正确
删除	删除成功	删除成功	正确
清空购物车	清空成功,购物车被清空	清空成功,购物车被清空	正确

表 H-26　收藏商品模块测试结果

输入	实际输出	计划输出	结果
点击收藏	收藏成功	收藏成功	正确

表 H-27　删除收藏商品模块测试结果

输入	实际输出	计划输出	结果
点击删除	删除成功	删除成功	正确

表 H-28　下单模块测试结果

输入	实际输出	计划输出	结果
正确地址 正确收货人 正确电话 点击下单按钮	您已下单成功	您已下单成功	正确
正确地址 不正确收货人 正确电话 点击下单按钮	您已下单成功	提示错误	考虑不全面
不正确地址 正确收货人 正确电话 点击下单按钮	您已下单成功	提示错误	考虑不全面

续 表

输入	实际输出	计划输出	结果
正确地址 正确收货人 不正确电话 点击下单按钮	您已下单成功	提示错误	考虑不全面

表 H-29 订单评价模块测试结果

输入	实际输出	计划输出	结果
评论内容	评价成功	评价成功	正确

3.3 卖家子系统测试

表 H-30 卖家登录模块测试结果

输入	实际输出	计划输出	结果
账号:(空格) 密码:154522 验证码:正确	提示错误	提示错误	正确
账号:123452 密码:(空格) 验证码:正确	提示错误	提示错误	正确
账号:(空格) 密码:(空格) 验证码:正确	提示错误	提示错误	正确
账号:154522 密码:154522 验证码:错误	提示错误	提示错误	正确
账号:154522 密码:154522 验证码:正确	提示操作成功,跳转主页面	提示操作成功,跳转主页面	正确

表 H-31 查看评价信息模块测试结果

输入	实际输出	计划输出	结果
选择评论按钮	显示评价信息	显示评价信息	正确

表 H-32 发布商品模块测试结果

输入	实际输出	计划输出	结果
名称:空 价格:100 数量:100 公益金:100 商品图片:图片文件 商品描述:图片文件	提示错误	提示错误	正确

续　表

输入	实际输出	计划输出	结果
名称:123 价格:空 数量:100 公益金:100 商品图片:图片文件 商品描述:图片文件	提示错误	提示错误	正确
名称:123 价格:100 数量:空 公益金:100 商品图片:图片文件 商品描述:图片文件	提示错误	提示错误	正确
名称:123 价格:100 数量:100 公益金:空 商品图片:图片文件 商品描述:图片文件	提示错误	提示错误	正确
名称:123 价格:100 数量:100 公益金:100 商品图片:非图片文件 商品描述:图片文件	提示添加成功,跳转商品管理界面,等待管理员同意	提示错误	没有做图片文件判定
名称:123 价格:100 数量:100 公益金:100 商品图片:图片文件 商品描述:非图片文件	提示添加成功,跳转商品管理界面,等待管理员同意	提示错误	没有做图片文件判定
名称:123 价格:100 数量:100 公益金:100 商品图片:图片文件 商品描述:图片文件	提示添加成功,跳转商品管理界面,等待管理员同意	提示添加成功,跳转商品管理界面,等待管理员同意	正确

表 H‑33　修改商品信息模块测试结果

输入	实际输出	计划输出	结果
名称:空 价格:100 数量:100 公益金:100 商品图片:图片文件 商品描述:图片文件	提示错误	提示错误	正确

续 表

输入	实际输出	计划输出	结果
名称:123 价格:空 数量:100 公益金:100 商品图片:图片文件 商品描述:图片文件	提示错误	提示错误	正确
名称:123 价格:100 数量:空 公益金:100 商品图片:图片文件 商品描述:图片文件	提示错误	提示错误	正确
名称:123 价格:100 数量:100 公益金:空 商品图片:图片文件 商品描述:图片文件	提示错误	提示错误	正确
名称:123 价格:100 数量:100 公益金:100 商品图片:非图片文件 商品描述:图片文件	提示修改成功,跳转商品管理界面	提示错误	正确
名称:123 价格:100 数量:100 公益金:100 商品图片:图片文件 商品描述:非图片文件	提示修改成功,跳转商品管理界面	提示错误	正确
名称:123 价格:100 数量:100 公益金:100 商品图片:图片文件 商品描述:图片文件	提示修改成功,跳转商品管理界面	提示修改成功,跳转商品管理界面	正确

表 H-34 查看商品信息模块测试结果

输入	实际输出	计划输出	结果
已有商品编码	显示商品信息	显示商品信息	正确
1000(没有的商品编码)	显示为空	显示为空	正确

续　表

输入	实际输出	计划输出	结果
（空格）	显示所有商品	显示所有商品	正确
中文字符	显示为空	显示为空	正确

表 H - 35　删除商品信息模块测试结果

输入	实际输出	计划输出	结果
确认删除	提示操作成功,商品信息删除	提示操作成功,商品信息删除	正确

4　对软件功能的结论

表 H - 36　软件功能模块测试结果

测试内容	能力	限制	局限性
用户注册	能够实现用户注册	用户名、密码、手机号、身份证号、确认密码、昵称和验证码	正确
用户登录	能够实现用户登录	用户名、密码和验证码	正确
选择商品	能够实现选择商品	点击商品	正确
买家申请卖家权限	能够实现买家申请卖家权限	点击申请按钮	正确
购物车管理	能够实现购物车管理	清空购物车、删除和下单	正确
订单管理	能够实现订单管理	查看订单、删除订单	正确
确认收货	能够实现确认收货	确认收货	正确
商品收藏管理	能够实现商品收藏管理	点击收藏、取消收藏	正确
投诉卖家	能够实现投诉卖家	投诉的信息为 string	正确
商品捐赠	能够实现商品捐赠	点击捐赠	正确
卖家登录	能够实现卖家登录	用户名和密码	正确
商品发货	能够实现商品发货	已发货按钮	正确
商品管理	能够实现商品管理	删除商品、查看商品	正确
查看评价	能够实现查看评价	查看商品评价	正确
回复评价	能够实现回复评价	输入评价信息	正确
管理员登录	能够实现管理员登录	用户名和密码	正确
用户信息管理	能够实现用户信息管理	用户名搜索、删除用户	正确
订单信息管理	能够实现订单信息管理	点击订单、查看订单信息	正确
新商品审核	能够实现新商品审核	点击商品审核按钮	正确
商品信息管理	能够实现商品信息管理	查看商品信息、删除商品	正确

续　表

测试内容	能力	限　制	局限性
商品评价管理	能够实现商品评价管理	查看商品评价、删除评价	正确
投诉信息管理	能够实现投诉信息管理	查看投诉信息、删除投诉信息	正确
卖家身份审核	能够实现卖家身份审核	点击确认	正确

5　分析摘要

5.1　能力

经测试本系统基本满足用户需求。后台管理子系统可以对商品信息、卖家信息进行审核,对整个商城的用户信息、订单信息、商品评价、投诉评价进行管理;卖家通过商品管理子系统将商品信息发布在网上,发布商品时可以选择捐赠公益金,并可以进行订单管理、商品管理。消费者通过商城子系统可以方便快捷地选购需要的商品,查看订单,管理个人信息,商家投诉,对于自己不再想要的商品可以选择捐赠,同时还可以申请成为卖家。

5.2　缺陷和限制

(1)订单信息填写页面的内容格式无法判断

(2)错误的图片格式无法判断

5.3　建议

表 H-37　系统建议

缺陷	修改方法	优先级	工作量	负责人
订单信息填写页面的内容格式无法判断	根据具体信息要求进行格式判断	高	××小时	×××
错误的图片格式无法判断	使用正则表达式进行文件格式判断	高	××小时	×××

5.4　评价

系统的开发基本达到预定目标,再按照计划完成进一步修改后,可以交付用户使用。

6　测试资源消耗

测试人员都是本科在校生,有一定的编程能力,共耗时 3 天。

第8章

面向对象分析与设计

8.1 项目概述

当今社会,随着网络越来越普及,人们足不出户就能"逛街""吃饭""找工作""交朋友"……网络在人们的日常生活中越来越重要。对比线下求职者只能无目的地四处寻找用人单位,或者辗转于各种拥挤的大型招聘会,网上求职者可以利用互联网足不出户地找工作。网上求职招聘系统既能提供最及时、最丰富的招聘信息,又能免除求职者舟车劳顿的辛苦。

由于经济的发展,当今社会企业繁多,岗位多样,各种人才的需求纷繁复杂,导致企业在人才招募时需求信息宣传往往不广泛、不全面,很难充分到位,从而不能很好地找到合适的人才;而求职者面对浩如烟海的招聘信息,往往也不能很好地找到自己理想的岗位。开发网上招聘系统能够为求职应聘者提供方便、快捷的应聘途径,对招聘企业来说,招聘系统不仅为他们开辟了招聘人才的新方式,而且使其工作流程更加快捷、高效,也使得企业对于人才的筛选能够更加精确,将精英人才发挥最大的才能价值。

为了解决这一问题,迫切地需要开发与设计网上求职招聘系统,从而为企业和个人求职招聘提供服务。现如今,网络招聘在求职过程的优势越来越明显,具有高效性、及时性、全面性等优点,成为了大学生们追求的主要方式。所以开发并设计一个网上招聘系统具有良好的社会意义。

8.1.1 软件设计目标

(1)开发意图:为求职者提供一个更便捷和广阔的求职平台,也为招聘企业提供一个高效的招聘平台。

(2)作用及范围:本软件适用于网上求职招聘管理,对求职者来说可以查看企业信息,投放简历,查看是否录取等,对企业来说可以查看求职者的信息,发送面试通知单和录用通知单等。

8.1.2　功能描述

（1）登录

登录用户分为系统管理员，求职者，招聘企业。

模块描述：完成身份验证，进入不同角色界面。

（2）注册

包括求职者注册、企业注册、管理员注册三个部分。

（3）用户信息管理

① 修改密码

求职者可以修改自己的密码（符合规定的格式）。

② 修改完善个人信息

完善个人信息时，若还没填写信息，则先填写；保存之后可以修改信息，需要再次保存。

（4）填写修改个人简历

填写简历信息，然后保存简历，可以根据后续的需求进行修改，再保存。

（5）用户管理

查询：管理员可以对注册该系统的所有企业和求职者账号进行查看。

删除：管理员可以对注册该系统的所有企业和求职者账号进行删除操作。

（6）招聘信息管理

企业填写、修改、查看、删除、发布、撤销招聘信息。

填写招聘企业后可以发布招聘信息，发布招聘信息后可以撤回。

（7）通知单管理

① 查看投递简历人员名单

企业可以查看各个职位的投递简历人员名单，也可以进一步查看个人简历。

② 查看所有求职者名单

企业也可查看发布在此系统上的所有求职者名单。

③ 录入通知单

企业对符合企业需求的应聘人员发送面试通知单。

④ 修改通知单

招聘企业发布通知单信息后，可以修改通知单。选择需要修改的职位，然后再录入信息。

⑤ 查看通知单信息

⑥ 发送职位请求

企业可以对求职人员发送职位请求。

（8）查看招聘信息

① 搜索企业信息

② 企业信息浏览

求职者可以通过企业名称的下拉菜单选择企业，在级联的下拉菜单中会自动显示该企业可供选择的职位，并且在页面中会以列表的形式显示出企业的详细信息，若求职者有意愿向该企业投递简历，可直接点击投递简历按钮，将自己简历信息发送给该企业。

（9）投递简历模块

搜索企业，查看企业信息，查看招聘信息，投递简历。

（10）查看录用情况

① 查看投递简历记录

查看本人已经投出的所有简历,这样方便求职者在投出多个简历后查看这些企业和职位记录,大大避免了求职者因投出过多简历而难以记清这些信息的问题。

② 查看通知单列表

显示求职者已经接收到的通知单,和查看通知单信息模块类似,但是此处显示的是求职者有多少条职位请求记录。

③ 查看职位请求

求职者可以看到所有用人单位发送的职位请求信息。

8.1.3　性能描述

（1）精度

该系统中,数据主要用到了整型、日期、字符型。

（2）时间特性要求

由于本系统对时间特性要求较低,该系统的时间特性要求如下。

① 用户登录验证并返回结果的时间不得大于 2 秒;

② 单次信息查询并返回结果的时间不得大于 3 秒;

③ 数据转换和传送时间不得大于 1 秒;

④ 提交操作响应时间不得大于 1 秒;

⑥ 其他所有交互功能反应时间不得大于 3 秒;

⑦ 可靠性:平均故障间隔时间不低于 200 小时;

⑧ 其他:能快速恢复系统和故障处理,方便系统升级和扩充,故障恢复时间不超过 4 小时。

（3）灵活性

因是针对求职者和招聘者开发此项目,所以预期的使用频度较高,操作性要求比较高。因系统中的用户信息属于用户的隐私,为防止信息资料的泄漏和管理程序被恶意破坏,要求有可靠的安全性能。综上,本系统要求稳定、安全、便捷,易于管理和操作,灵活性要求非常大。

① 操作方式上的变化:常规操作,无变化。

② 运行环境的变化:能在 Win7,Win8,Win10,Win11 等系统上运行。

8.1.4　输入输出要求

求职者信息:字符型数据,文字字符或字母数字,最大长度 20 字符。

简历信息:字符型数据,文字字符或字母数字,最大长度 80 字符。

招聘公司信息:字符型数据,文字字符或字母数字,最大长度 20 字符。

通知单信息:字符型数据,文字字符或字母数字,最大长度 15 字符。

投简历记录信息:单精度数据类型,字母数字,最大长度 10 字节。

输出数据:一般为字符型数据,文字字符或字母数据,最大长度 30 字节

输出提示:成功提示,弹出提示框提示操作成功。

失败提示:弹出提示框提示操作失败。

异常错误:弹出提示页面,提示发现异常错误。

8.1.5 数据管理能力要求

（1）定时整理数据：系统管理员应定期的管理用户。

（2）查询通知单：能让求职者随时查询已收到的通知单信息和掌握招聘公司的通知内容的变动，但是对于通知单的内容，无权变动。

（3）查看简历：招聘公司能方便地随时查看投来的简历，对这些简历有删除的权限，同时还可以随时查看系统简历库中的所有求职者的简历信息，但是不能进行删除、修改等操作。

8.1.6 故障处理要求

（1）内部故障处理：在开发阶段可以随时修改数据库的相应内容。

（2）外部故障处理：对修改后的程序进行重装载时，如果在调用时出错，根据错误提示进行修改。

（3）其他故障处理：本软件可能产生的错误为数据库的错误信息，应由数据库管理员对数据库进行维护。为了确保系统恢复的能力，数据库管理员要定期对数据库进行备份。

8.1.7 运行环境规定

（1）设备

① 外围设备：标准键盘、标准鼠标、标准显示器。

② 通信设备：100M 以太网卡。

（2）支持软件

① 软件开发环境：Visual Studio 2016。

② 数据库采用 SQL Server 2016。

（3）接口

① 用户接口：本产品的用户一般需要通过终端进行操作，进入主界面后点击相应的窗口。所有的模块按钮都在界面的左侧，用户只要选择相应的模块按钮点击进入即可。用户对程序的维护，要求预先备份。

② 软件接口：Win7 以上操作系统。

③ 硬件接口：支持一般的计算机。

8.2 项目面向对象分析

8.2.1 用例模型（功能模型）

（1）识别参与者

网上求职招聘管理系统主要有三类用户，分别是求职者、招聘企业和管理员，他们也就是用例模型中的三个参与者。

（2）识别用例

用例是对参与者而言，有可观测价值的一个活动，不包括其中的具体过程。

（3）绘制用例图

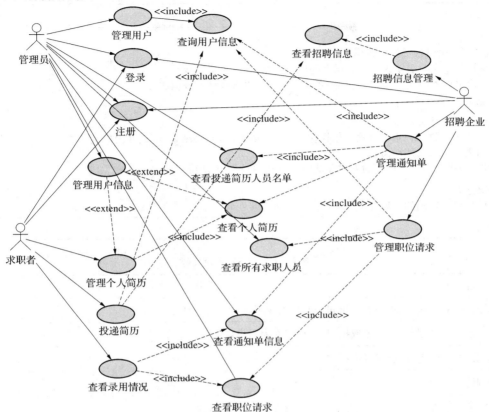

图 8-1 网上求职招聘系统用例图

（4）编写用例文档

表 8-1 "登录"用例文档

用例名	登录
简要描述	管理员、求职者或招聘企业利用该用例登录系统,通过身份认证后获得相应的权限
参与者	管理员、求职者或招聘企业(统称为用户)
涉众	管理员、求职者或招聘企业
相关用例	无
前置条件	无
后置条件	如果登录成功,则显示相应权限的操作界面

基本事件流
（1）用例起始于用户需要登录到系统
（2）系统显示欢迎界面,并要求用户输入用户名和密码
（3）用户输入用户名和密码
（4）系统验证用户名和密码,允许用户登录系统(A-1)
（5）系统根据用户类型启动不同的主操作界面

用例名	登　录
备选事件流 A-1　用户名错误或密码错误 (1) 系统显示用户名错误或密码错误的提示信息,并进入第(2)步 (2) 用户可以重新输入用户名和密码(B-1),也可以选择结束该用例	
补充约束——数据需求 补充约束——业务规则 B-1　系统允许用户重试 3 次登录操作,超过 3 次后系统自动结束,不允许用户重试 补充约束——非功能性需求 安全性:密码应该采用加密的方式存储,有关密码的加密算法待定	
待解决问题 关于用户名和密码的管理与维护功能还需要进一步明确	
相关图	

表 8-2　"注册"用例文档

用例名	注　册
简要描述	管理员、求职者或招聘企业利用该用例注册用户身份
参与者	管理员、求职者或招聘企业(统称为用户)
涉众	管理员、求职者或招聘企业
相关用例	无
前置条件	无
后置条件	如果注册成功,则获得相应身份
基本事件流 (1) 用例起始于用户需要注册身份 (2) 系统显示注册界面,并要求用户输入用户名和密码 (3) 用户输入用户名和密码 (4) 系统检查用户名和密码的合法性,保存用户信息(A-1) (5) 系统显示注册成功界面,并显示相应身份的主操作界面	
备选事件流 A-1　用户名或密码不合法 (1) 系统显示用户名不合法或密码不合法的提示信息,并进入第(2)步 (2) 用户可以重新输入用户名和密码,也可以选择结束该用例	
补充约束——数据需求 用户名和密码不允许有空格 补充约束——非功能性需求 安全性:密码应该采用加密的方式存储,有关密码的加密算法待定	
待解决问题 关于用户名和密码的管理与维护功能还需要进一步明确	
相关图	

表 8-3　"用户管理"用例文档

用例名	用户管理
简要描述	管理员利用该用例对用户信息进行维护
参与者	管理员
涉众	管理员、求职者或招聘企业
相关用例	无
前置条件	管理员成功登录
后置条件	如果登录成功,则显示相应权限的操作界面

基本事件流
(1) 用例起始于需要对用户信息进行维护,登录系统(A-1) (2) 管理员输入查询条件,查询用户信息 (3) 系统查询该用户信息,并显示用户详细信息 (4) 管理员选择所要进行的操作 (5) 系统根据管理员选择的操作,执行以下子流程 选择"初始化密码"时,开始"初始化密码"子流程(S-1) (6) 子流程完成后,用例结束
备选事件流 A-1　用户名错误或密码错误 (1) 系统显示用户名错误或密码错误的提示信息,并进入第(2)步 (2) 用户可以重新输入用户名和密码(B-1),也可以选择结束该用例
补充约束——数据需求 补充约束——业务规则 补充约束——非功能性需求 安全性:密码应该采用加密的方式存储,有关密码的加密算法待定
待解决问题
相关图

8.2.2　对象模型

对象模型是对象建模技术中最重要的,通过描述系统中的对象、对象之间的联系、属性以及刻画每个对象类的属性和操作来表示系统的静态结构。系统建模围绕对象来构造系统而不是围绕功能来构造系统,对象模型更接近实际应用,而且容易修改,能快速地对变化做出反应。对象模型提供一种直观的图形表示,并且文档化系统结构有利于与用户之间进行有针对性的交流,从而有利于系统模型的修改和完善。

（1）系统对象模型

通过分析,网上求职招聘系统对象模型中的类主要有:管理员、求职者、企业、招聘信息、通知单、简历、企业通知单、简历回应单、投简历单。简历对象依赖于求职者,通知单依赖于招聘信息,招聘信息依赖于企业。一个管理员可以管理一到多个企业账号,一个企业也能被多个管理员进行管理。连线表示对象与对象之间的关系,连线上的文字表示关系的描述。对象模型（类图）如图 8-2 所示。

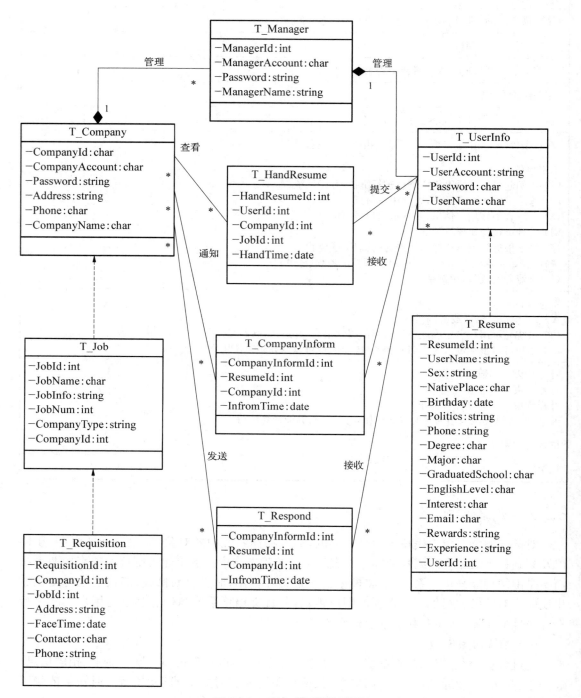

图 8-2　系统对象模型(类图)

（2）对象描述

对系统对象模型中的对象描述如下。

① 企业：Company

表 8-4　企业对象描述

用途	用于保存企业信息		
约束	略		
持久性	存于 SQL Server 2008 数据库中		
属性描述			
属性	类型	约束	
		是否关键字	是否可以为空
CompanyId	int	是	否
CompanyName	char	否	是
Password	char	否	是
VirName	char	否	是
Phone	int	否	是
VirCompanyName	char	否	是
方法描述			
方法	返回类型	参数	返回值
CompanyInfo	string	CompanyId	null
PwdChange	string	CompanyId	null
AddJobInfo	string	CompanyId	null
ModifyJobInfo	string	CompanyId	null
SearchJobInfo	string	CompanyId	null
AddRequest	string	CompanyId	null
ModifyRequest	string	CompanyId	null
ReadResume	string	CompanyId	null
SendInform	string	CompanyId	null
Register	string	CompanyId	null

② 求职者：User

表 8-5　求职者对象描述

用途	用于保存求职者个人信息
约束	略
持久性	存于 SQL Server 2016 数据库中

续　表

属性描述			
属性	类型	约束	
		是否关键字	是否可以为空
UserId	int	是	否
UserName	char	否	否
Password	char	否	否
VirName	char	否	否
方法描述			
方法	返回类型	参数	返回值
UserInfo	string	UserId	null
UPwdChange	string	UserId	null
URegister	string	UserId	null
WriteResume	string	UserId	null
SearchJobInfo	string	UserId	null
SearchCompanyInfo	string	UserId	null
SerachResume	string	UserId	null
SearchInform	string	UserId	null

③ 管理员：Manager

表 8-6　管理员对象描述

用途	用于保存管理员的个人信息		
约束	略		
持久性	存于 SQL Server 2016 数据库中		
属性描述			
属性	类型	约束	
		是否关键字	是否可以为空
ManagerId	int	是	否
ManagerName	char	是	否
Password	char	否	是
VirManager	char	否	是

续　表

方法描述			
方法	返回类型	参数	返回值
ManagerInfo	string	ManagerId	null
ManagerPwd	string	ManagerId	null
ManageCompany	string	ManagerId	null
ManageUser	string	ManagerId	null

④ 简历：Resume

表 8 - 7　简历对象描述

用途	为了方便求职者快速找到心仪的企业，企业找到合适的求职者		
约束	略		
持久性	存于 SQL Server 2016 数据库中		
属性描述			
属性	类型	约束	
		是否关键字	是否可以为空
ResumeId	int	是	ResumeId
Name	nvarchar	否	否
Sex	nvarchar	否	否
Age	int	否	否
Tele	int	否	否
Provience	date	否	是
Nation	nvarchar	否	是
Status	varchar	否	否
Education	nvarchar	否	否
Major	nvarchar	否	否
School	nvarchar	否	否
EngLevel	nvarchar	否	否
ComLevel	nvarchar	否	否
Speciality	nvarchar	否	是
Mail	nvarchar	否	是
Rewards	nvarchar	否	是
Experience	nvarchar	否	是
UserId	int	否	UserId

方法描述			
方法	返回类型	参数	返回值
WriteResume	string	UserId	null
ReadResume	string	CompanyId	null
SerachResume	string	UserId	null

⑤ 招聘岗位对象:Job

表 8-8　招聘信息对象描述

用途	用于保存招聘信息,提供添加、修改等方法		
约束	无		
持久性	存于 SQL Server 数据库中		
属性描述			
属性	类型	约束	
		是否关键字	
JobId	int	是	JobId
JobName	varchar	否	JobName
JobInfo	varchar	否	JobInfo
JobNumber	int	否	JobNumber
CompanyType	varchar	否	CompanyType
CompanyId	int	否	CompanyId
方法描述			
方法	返回类型	参数	返回值
AddJob	string	JobId	null
ModifyJobInfo	string	JobId	null

⑥ 通知单:Request

表 8-9　通知单对象描述

用途	用于保存通知单信息,提供添加、修改等方法
约束	无
持久性	存于 SQL Server 数据库中
属性描述	

属性	类型	约束	
		是否关键字	
CompanyId	int	是	CompanyId
JobId	int	否	JobId
Request	int	否	Request
Addresss	varchar	否	Addresss
FaceTime	varchar	否	FaceTime
Comtract	date	否	Comtract
Phone	varchar	否	Phone
方法描述			
方法	返回类型	参数	返回值
AddRequest	string	JobId	null
ModifyRequest	string	JobId	null

8.2.3　动态模型

　　动态模型描述了系统时间空间内对象的变化和对象之间关系的变迁,即系统所关注的时序关系,本项目主要使用顺序图和状态图表示。顺序图用来表示用例中的行为顺序,当执行一个用例行为时,顺序图中的每条信息对应了一个类操作或状态机中引起转换的事件。顺序图展示对象之间的交互,重点在消息序列上,也就是说,描述消息是如何在对象间发送和接收的。状态图是一个状态和事件的网络,侧重于描述每一类对象的动态行为。

　　(1) 顺序图

用户登录

　　描述:系统将用户在登录页输入的账号和密码与数据库中的后台数据进行比对,如果一致,则根据不同的用户角色进入相对应的用户界面。如果不一致,则提示输入出错。

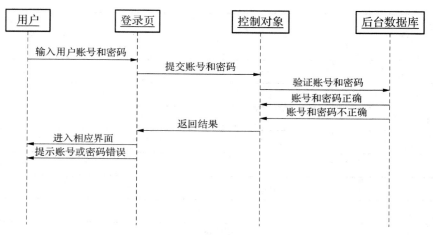

图 8-3 用户登录顺序图

用户注册

描述：用户在注册界面输入一系列的注册信息之后，系统将信息与数据库中的原有用户信息进行比对，如果有账号重复的问题，则注册信息不合法，用户将会收到注册失败的提示，否则显示注册成功。

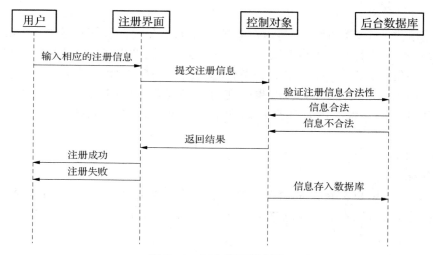

图 8-4 用户注册顺序图

完善简历

描述：求职者进入完善简历界面后，可以填写简历，而且必须按照规定的格式填写，否则将会提示"填写错误"，点击"保存"按钮进行保存；若要修改简历，修改内容也要求按照规定的格式填写，否则提示"修改不成功"，再点击"修改"按钮直接保存。

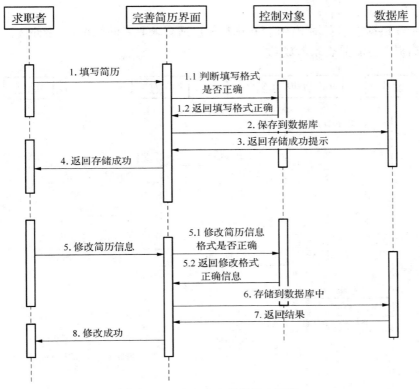

图 8-5　求职者完善简历序列图

修改招聘信息

描述：企业可以先查看招聘信息，选择需要修改的信息，重新录入。其中招聘人数是整型。

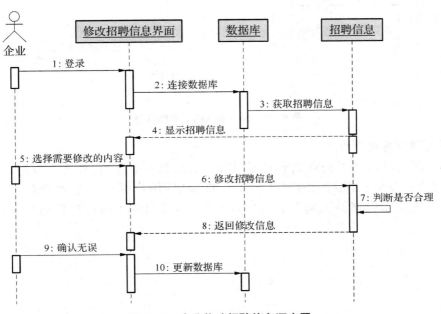

图 8-6　企业修改招聘信息顺序图

录入通知单

描述:企业根据求职者发出的简历,选择相应适合求职者的职位,然后录入通知单,填写通知单,根据提示查看是否录入成功。

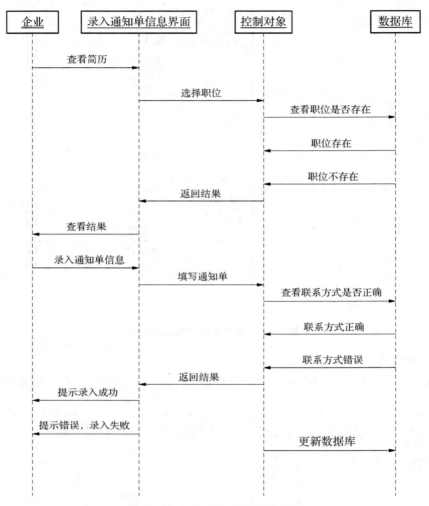

图 8-7 企业录入通知单顺序图

查看招聘信息投简历

描述:在用户选择了企业名称和职位后,系统到后台数据库查找相应的记录,并将查找到的企业信息用列表的形式显示在页面中,用户根据查找到的职位投递自己的简历,只需点击投递简历信息就可以投出简历,投出简历后可选择退出系统或继续查看。

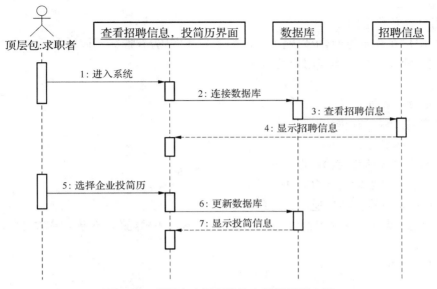

图 8-8　求职者查看招聘信息投简历顺序图

查看投简人员发送通知单

描述：公司（即企业）进入查看投简人员界面后，可以根据对应职位下的投简人员查看对应求职者的简历信息，可以发送职位请求，到后台数据进行查找，查看当前的简历有没有被发送过通知单，如果没有，即可发送面试通知单，如果有，则提示通知单已经发送，此外，公司可以删除简历，并返回结果，提示简历删除成功。

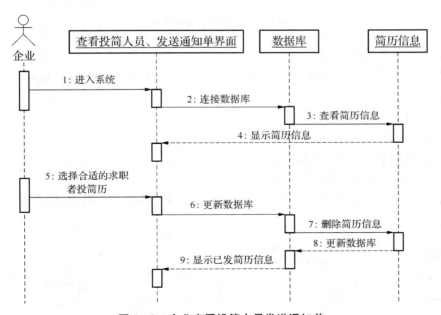

图 8-9　企业查看投简人员发送通知单

（2）状态图

① 用户登录状态图

描述：用户在登录界面，可以输入自己的账号和密码，并选择不同的身份类型，进入不同的界面，这样的设计方便不同用户的需求。

脚本：

a. 显示登录界面；

b. 用户输入账号和密码；

c. 用户选择身份；

d. 界面将输入信息交给控制对象；

e. 控制对象判断输入信息是否合法；

f. 控制对象将检查结果返回给界面对象；

g. 若合法，界面对象跳到相对应的子系统；若不合法，界面对象提示登陆失败，请重新输入账号和密码。

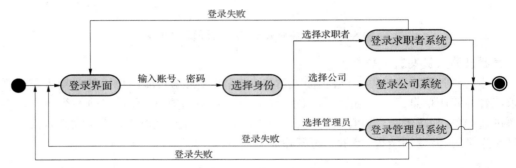

图 8 - 10　用户登录状态图

② 完善简历状态图

描述：求职者完善简历，以便于自己的优点和特长充分表现给企业招聘单位。

脚本：

a. 求职者输入简历信息；

b. 界面将简历信息交给控制对象；

c. 控制对象判断简历信息是否合法；

d. 控制对象将检查结果返回给界面对象；

e. 若合法，则将信息保存进数据库并界面提示填写成功；若不合法，则界面对象提示有误，请重新输入简历信息。

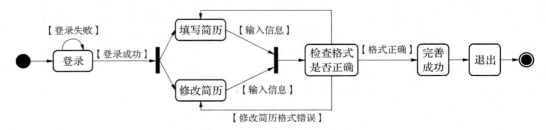

图 8 - 11　求职者完善简历状态图

③ 招聘信息管理模块状态图

描述：招聘信息管理主要包括发布招聘信息、查看招聘信息和修改招聘信息。修改招聘信息时需要先查看，然后再输入信息进行修改。

招聘信息管理模块脚本：

a. 企业选择职位；

b. 界面将选择信息交给控制对象；

c. 控制对象到数据库查询相关信息；

d. 控制对象将结果返回给界面对象并显示企业信息；

e. 企业选择要修改的信息；

f. 招聘信息若符合要求，则修改成功，否则重新输入信息；

g. 发布招聘信息。

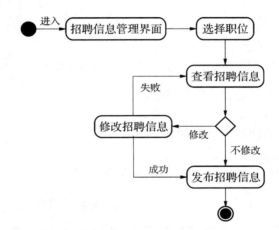

图 8-12　企业管理招聘信息状态图

④ 通知单信息管理模块状态图

描述：企业根据收到的求职者的简历，选择相应的职位，然后录入通知单，填写通知单，并验证联系方式是否正确。

通知单信息管理模块脚本：

a. 企业选择职位名称；

b. 界面将选择信息交给控制对象；

c. 控制对象到数据库查询相关信息；

d. 控制对象将结果返回给界面；

e. 界面显示简历信息；

f. 若符合要求，企业录入通知单信息；

g. 通知单信息若符合要求，则录入成功，否则重新输入信息。

⑤ 搜索招聘信息投简历状态图

脚本：

a. 用户选择企业名称；

b. 用户选择职位名称；

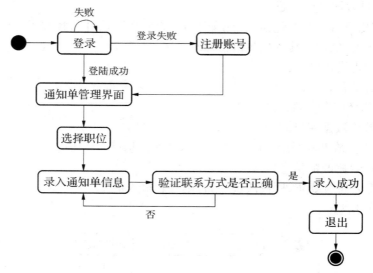

图 8 - 13   企业管理通知单信息状态图

c. 界面把用户选择的信息交给控制对象；

d. 控制对象到数据库查询相应企业信息；

e. 控制对象将结果返回给界面对象；

f. 界面显示企业信息；

g. 若企业信息符合用户的要求，用户选择投简历。

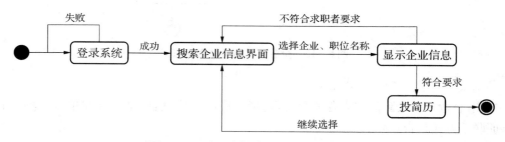

图 8 - 14   求职者搜索企业投简历状态图

⑥ 查看投简人员发送面试通知单状态图

脚本：

a. 公司选择职位名称；

b. 公司选择投简历的求职者；

c. 界面将选择信息交给控制对象；

d. 控制对象到数据库查询相应求职者的简历信息；

e. 控制对象将结果返回给界面对象；

f. 界面显示求职者简历信息；

g. 公司查看简历，若符合用户要求，公司选择发送面试通知单；

h. 公司查看完后，可选择删除简历。

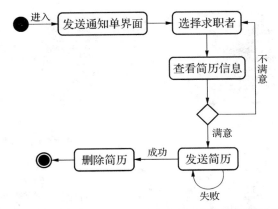

图 8‑15　企业查看投简历人员发送面试通知单状态图

8.3　项目面向对象设计

8.3.1　问题域子系统设计

在设计中,按照面向对象设计过程,把该系统的问题域子系统进一步划分为三个子系统,分别是求职者操作子系统、管理员操作子系统、企业操作子系统,它们的拓扑结构是星型,以管理员操作子系统为中心向外辐射。网上求职招聘系统拓扑结构如图 8‑16 所示。

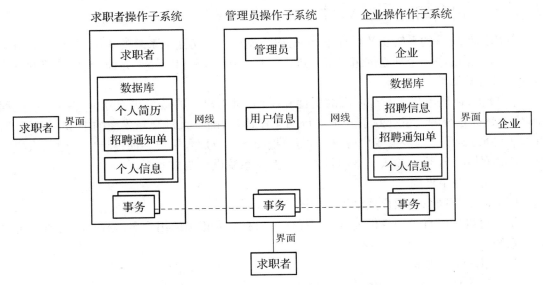

图 8‑16　网上求职招聘系统拓扑结构

面向对象分析所得出的问题域精确模型,为设计问题域子系统奠定了良好的基础,建立了完整的框架,通常面向对象设计仅需从实现角度对问题域模型做一些补充或修改,主要是增添、合并或分解类、属性及服务,调整继承关系等。本系统问题域子系统设计结果如图 8‑17 所示。

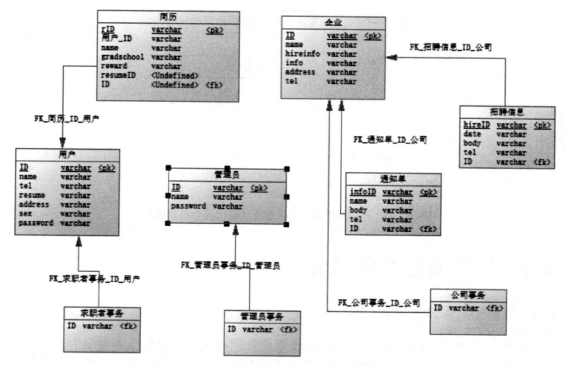

图 8-17 网上求职招聘系统问题域子系统

8.3.2 人机交互子系统设计

使用原型支持的系统化的设计策略,是成功设计人机交互子系统的关键,此外把人机交互部分作为系统中一个独立的组成部分进行分析和设计,有利于隔离界面,支持系统的变化对问题域部分影响。

在 OOA 阶段给出了系统所需的属性和操作,对用户需求做了初步分析,在 OOD 过程中,应对目标系统的人机交互子系统进行相应设计,以确定人机交互界面的细节,包括窗口和报表的形式,设计命令层等内容,根据需求把交互细节加入用户界面设计中。包括人机交互所必需的实际显示和输入。本项目人机交互子系统设计结果如下。

(1)用户登录界面

网上求职招聘系统用户登录界面如图 8-18 所示。

用户可以选择自己的身份进行登录操作。只有输入正确的用户名、密码、验证码才可以登录系统。

(2)用户注册界面

用户注册界面如图 8-19 所示。

用户选择对应的身份,填写用户名、密码(两次输入密码必须一致)。

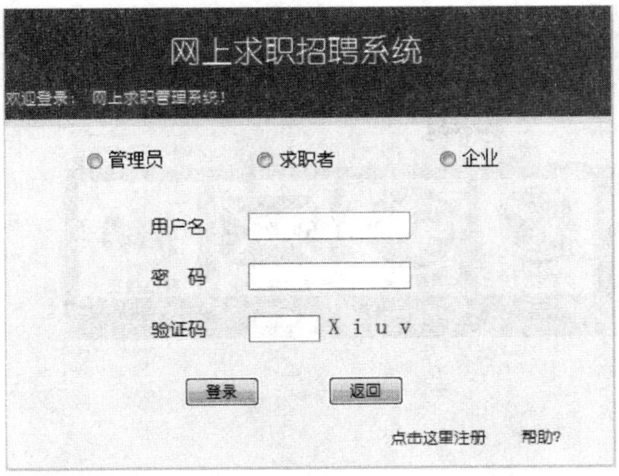

图 8-18　登录界面

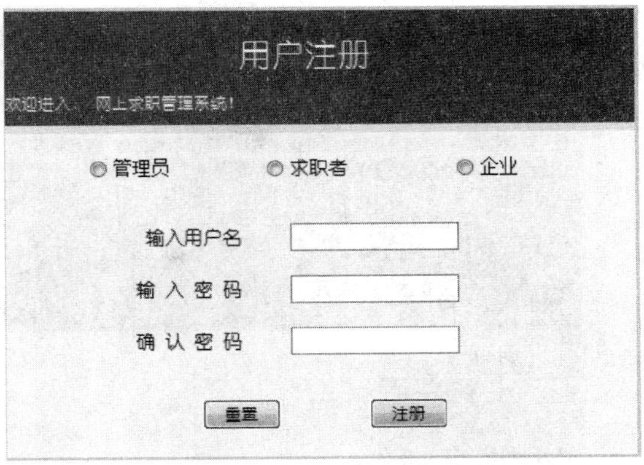

图 8-19　注册界面

（3）求职者界面

① 求职者信息管理界面如图 8-20 所示。

求职者界面主要包括三个功能模块：个人信息管理、信息查询以及信息查看，求职者可以根据自己的需要选择相应的功能进行操作。

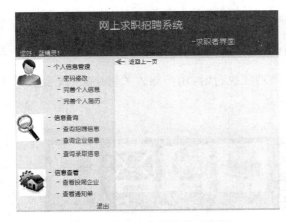

图 8-20　求职者信息管理界面

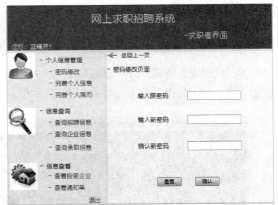

图 8-21　完善个人简历界面

② 求职者完善个人简历界面如图 8-21 所示。

（4）企业界面

企业管理界面如图 8-22 所示，是招聘企业的企业信息管理者登入系统后所见到的界面。在该界面内，用户可以选择个人信息管理、招聘信息管理、企业信息管理、简历信息管理以及通知单管理的选项，在各个选项下还有更进一步的细化功能。个人信息管理，可以修改用户密码，也可以修改自己注册时填的一些个人信息；招聘信息管理，可以修改、删除或发布招聘信息，也可以查看招聘信息；企业信息管理可以对企业信息进行维护；简历信息管理可以查看简历信息，查看投简历人的信息；通知单信息管理，即录入通知单或修改通知单。在右上方有四个选项按钮，"帮助"可以查看帮助，来了解系统信息；"系统切换"可以切换到其他子系统，但需要相关的用户密码验证权限；"站内信息"可以查看是否有管理员或是求职者发来的信息；"系统首页"可以回到登录首页。左下方显示了当前用户的基本信息，根据用户习惯,又列举了一些常用功能,以便用户可以快速地找到自己想要的功能,进行操作。当选中一个功能选项时,将会在中间空白处显示出相应界面,以便操作。

图 8 - 22　企业管理界面

企业查询简历请求界面如图 8 - 23 所示。该功能执行时,用户输入关键字,系统会从相应数据库中检索相关数据,并在结果框中呈现出来。

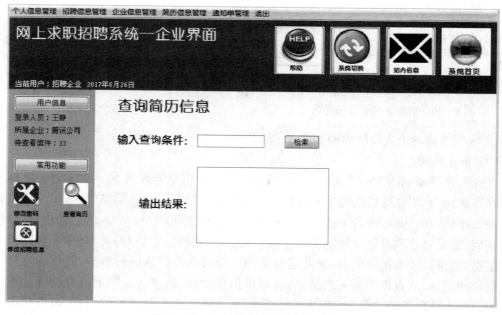

图 8 - 23　企业查询简历信息请求界面

（5）管理员系统界面

管理员管理界面如图 8－24 所示。

图 8－24　管理员管理界面

招聘企业信息管理界面如图 8－25 所示。

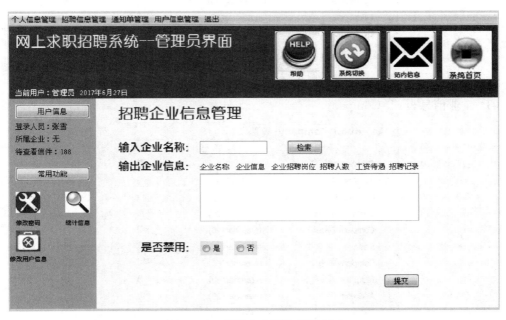

图 8－25　招聘企业信息管理界面

8.3.3 数据管理子系统设计

数据库管理子系统是系统存储或检索对象的基本设施,它建立在某种数据存储管理系统之上,并且隔离了数据存储管理模式的影响。根据本项目的数据特点,适合关系数据库存储数据。数据库设计方法与过程参见第 5 章,采用 SQL Server,关系模式实施结果如下。

(1) 管理员信息表:T_Manager

表 - dbo.T_Manager 摘要		
列名	数据类型	允许空
🔑 ManagerId	int	☐
ManagerAccount	varchar(50)	☐
Password	varchar(50)	☐
ManagerName	nvarchar(50)	☑
Telephone	varchar(40)	☑
▶		☐

图 8 - 26 管理员信息表

(2) 求职者信息表:T_UserInfo

表 - dbo.T_UserInfo 摘要		
列名	数据类型	允许空
🔑 UserId	int	☐
UserAccount	varchar(40)	☐
Password	varchar(20)	☐
UserName	nvarchar(10)	☑
Telephone	nvarchar(10)	☑
Occupation	nvarchar(10)	☑
▶		☐

图 8 - 27 求职者信息表

(3) 企业信息表:T_Company

表 - dbo.T_Company 摘要		
列名	数据类型	允许空
CompanyId	int	☐
🔑 CompanyAccount	varchar(40)	☐
Password	varchar(20)	☐
CompanyName	nvarchar(40)	☐
CompanyType	nvarchar(40)	☐
Scale	nvarchar(40)	☐
CompanyWeb	nvarchar(40)	☐
Industry	nvarchar(40)	☐
Address	nvarchar(20)	☐
Phone	varchar(20)	☐
CompanyIntroduction	nvarchar(40)	☐
▶		☐

图 8 - 28 企业信息表

（4）简历信息表：T_Resume

列名	数据类型	允许空
ResumeId	int	☐
UserName	nvarchar(50)	☐
Sex	nvarchar(2)	☐
NativePlace	nvarchar(50)	☐
Birthday	datetime	☐
Politics	nvarchar(20)	☐
Phone	nvarchar(30)	☐
Degree	nvarchar(20)	☐
Major	nvarchar(20)	☐
GraduateSchool	nvarchar(20)	☐
EnglishLevel	nvarchar(20)	☐
ComputerLevel	nvarchar(20)	☐
Interest	nvarchar(100)	☐
Email	varchar(50)	☐
Rewards	nvarchar(100)	☐
Experience	nvarchar(100)	☐
UserId	int	☐

图 8 - 29　简历信息表

（5）招聘信息表：T_Job

列名	数据类型	允许空
JobId	int	☐
JobName	nvarchar(40)	☐
JobRequire	nvarchar(100)	☐
JobNum	int	☐
CompanyDuty	nvarchar(20)	☐
CompanyId	int	☐

图 8 - 30　招聘信息表

（6）通知单表：T_Requisition

表 - dbo.T_Requisition 摘要

	列名	数据类型	允许空
🔑	RequisitionId	int	☐
🔑	CompanyId	int	☐
🔑	JobId	int	☐
	Address	nvarchar(40)	☐
	FaceTime	datetime	☐
	Contactor	nvarchar(50)	☐
	Phone	varchar(20)	☐
▶			☐

图 8-31 通知单表

(7) 投递简历表:T_HandResume

表 - dbo.T_HandResume 摘要

	列名	数据类型	允许空
🔑	HandResumeId	int	☐
🔑	UserId	int	☐
🔑	CompanyId	int	☐
🔑	JobId	int	☐
	HandTime	datetime	☐
▶			☐

图 8-32 投递简历表

(8) 企业邀请表:T_CompanyInform

表 - dbo.T_CompanyInform 摘要

	列名	数据类型	允许空
🔑	CompanyInformId	int	☐
🔑	ResumeId	int	☐
🔑	CompanyId	int	☐
	InformTime	datetime	☑
▶			☐

图 8-33 企业邀请表

(9) 通知单确认表:T_Respond

表 - dbo.T_Respond 摘要

	列名	数据类型	允许空
🔑	RespondId	int	☐
🔑	UserId	int	☐
🔑	RequisitionId	int	☐
	RespondTime	datetime	☐
▶			☐

图 8-34 通知单确认表

8.3.4　任务管理子系统

实际系统中,许多对象之间往往存在相互依赖关系。设计工作的一项重要内容就是确定哪些是必须同时动作的对象,哪些是相互排斥的对象。系统总有许多并发行为,需按照各自行为的协调和通信关系,划分各种任务(进程),简化并发行为的设计和编码。确定各类任务,把任务分配给适当的硬件和软件去执行。

(1)分析并发性

分析并发性的主要依据是通过面向对象分析建立起来的动态模型。当有多个用户在使用本系统的时候,本系统支持并发操作,能够进行并发控制和处理。例如求职者和公司还有管理员三个用户可以同时登录网上求职招聘系统,并同时具有修改自己信息的功能,也可以同时注册账号,完成他们各自的功能,完成之后可以保存到数据库中,最后完成数据库的更新操作。

(2)设计任务管理子系统

事件驱动任务:某些任务是由事件驱动的,这类任务主要完成通信工作。

系统部分任务列举如下。

任务一:登录

名称	登　录
描述	用户登录的时候,当用户的账号、密码和用户类型输入完毕后,登录这个任务还是处于工作状态,在用鼠标单击"登录"按钮的时候,系统将用户输入的用户名账号、密码和用户类型与数据库中的数据比对核实,如果经匹配后确实有这个账号密码匹配,而且用户类型也匹配,那么系统发送登录成功的信号,此时这个用户类型相对应的系统操作界面任务就被唤醒,而登录任务就处于睡眠状态;当账号错误、密码错误或用户类型错误时系统提示错误信息,如果要继续登录该系统则重新输入账号或密码。此任务接受用户输入,比对数据库中数据。
协同方式	事件驱动,按钮响应点击事件
通信方式	SQL Server 数据库连接

任务二:注册

名称	注　册
描述	此任务接受用户输入,将其插入数据库中,此任务公司、求职者、管理员都可以使用。此任务接受用户的输入,并将其输入的数据进行验证,如果验证通过,则插入数据库中。例如求职者在注册账号时,首先要检测账号是否存在,如果检测成功的话,就可以输入密码,然后点击"注册"按钮,系统根据输入的信息对其正确性进行判断和处理,如果没有错误,则会提醒注册成功提示。此任务处于工作状态时,点击"返回"按钮,系统则会退到登录界面。这时注册任务处于睡眠状态,等待唤醒。
协同方式	事件驱动,按钮响应点击事件
通信方式	SQL Server 数据库连接

任务三:查询

名称	查　询
描述	此任务接受用户输入,查询数据库中的记录。查询任务主要是用户进入界面后输入要查询的信息,点击"查询"按钮,系统会将查询关键字与数据库中的记录核对,如果存在则将数据从数据库中传递给界面并显示出来,如果没有则查询失败。如果用户不想查询信息,则点击"取消"按钮,系统发送中断信号,那么查询界面进入睡眠状态,退出查询界面。
协同方式	事件驱动,按钮响应点击事件
通信方式	SQL Server 数据库连接

任务四:录入

名称	录　入
描述	此任务接受用户输入,将其插入数据库中。录入信息功能只有管理员和公司才有权限使用,管理员或公司要录入信息之前,首先查询到相应的记录,然后输入要录入的信息,单击"确定"按钮,系统会对信息正确性进行判断和处理,如果没有错误,则返回成功提示。此时任务是处于工作状态的。如果单击"取消"按钮,则系统退出录入信息界面,任务处于睡眠状态,等待唤醒。
协同方式	事件驱动,按钮响应点击事件
通信方式	SQL Server 数据库连接

任务五:修改

名称	修　改
描述	此任务接受用户输入,查询数据库中的记录,更新记录。修改任务主要是用户进入界面后输入修改的信息,点击"确定"按钮,系统从数据库中查询到相应的记录,若存在则接受修改,同时检查修改信息是否有错,如果没有此记录则修改失败。如果用户不想修改信息,则点击"取消"按钮,系统发送中断信号,那么修改界面进入睡眠状态,退出修改界面。
协同方式	事件驱动,按钮响应点击事件
通信方式	SQL Server 数据库连接

任务六:删除

名称	删　除
描述	此任务接受用户输入,删除数据库中记录。删除任务主要是用户进入操作界面后点击删除操作,点击"确定"按钮,系统会根据用户传递过来的信息将数据库中的相应记录删除。如果用户不想删除信息,则点击"取消"按钮,系统发送中断信号。
协同方式	事件驱动,按钮响应点击事件
通信方式	SQL Server 数据库连接

（3）确定优先任务

将登录系统作为优先任务，其他任务都必须在登录之后才可操作。

（4）确定关键任务

录入、查询、修改和删除作为关键任务。

（5）确定协调任务

在系统中加入一个协调任务，协调各任务之间联系。

（6）确定资源需求

硬件资源：

处理器：Intel(R)Core(TM)

内存：2GB 以上

硬盘空间：20GB 以上

通信设备：200M 以太网卡

软件资源：

操作环境：操作系统（Windows XP/7/8/10）

数据库服务器端、Web 服务器端编译软件：SQL Server 2016，Microsoft Visual Studio 2016

8.4 面向对象建模工具

8.4.1　用 Visio 绘制 UML 图

UML 是一种可视化建模语言，由视图（View）、图（Diagram）、模型元素（Model Element）和通用机制（General Mechanism）等几个部分组成。其中视图表示系统的各个方面，由多个图构成。每个图使用了多个模型元素。在此基础上，通用机制为图做进一步补充说明，如：注释、元素的语义说明。

图表绘制软件 Visio 可以用来绘制 UML 图。

1. 建立【UML 模型图】文件

启动 Visio，选择【软件和数据库】绘图类型中的【UML 模型图】（如图 8－35 所示）。保存该文件。

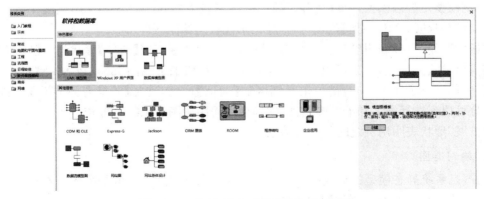

图 8－35　启动 Visio 中的【UML 模型图】

2. 模型资源管理器

新建的 UML 模型文件的界面中有一个【模型资源管理器】(如图 8-36 所示),如果没有此窗口,可选择菜单【UML】→【视图】→【模型资源管理器】选项打开此窗口。

图 8-36　模型资源管理器

所建立的 UML 模型均体现在模型资源管理器中。右键单击【UML 系统 1】→【模型】可以在弹出窗口中建立新的系统模型,如【动态模型】。

在模型下可以用"包"来组织系统中的 UML 图,右键单击包名(如:顶层包)可以在该包下新建【包】或者【UML 图】。

在模型资源管理器中可以对模型、包、UML 图以及各种 UML 图形元素进行重命名(单击右键→重命名)。

可以从模型资源管理器中将已存在于模型中的 UML 图形元素拖曳到绘图区,这样已经建立好的图形元素之间的关系也将在新的 UML 图中体现。例如:在用例图 1 中建立了"参与者 1"和"用例 1"之间的关系,新建用例图 2,并从模型资源管理器中将"参与者 1"和"用例 1"拖曳到用例图 2,则在用例图 2 中,"参与者 1"和"用例 1"也是有关系的。

3. 绘制用例图

用例模型是静态模型,可以在静态模型的顶层包下新建【用例图】。用例图中的图形元素在形状窗口的【UML 用例】栏,直接拖曳图形元素至绘图区即可。

"通信"形状可以表明参与者与用例的联系。在绘图区双击【通信】形状弹出【UML 关联属性】窗口,在【关联端】部分可以定义通信的导向性(如果某端的 IsNavigable 被选中,则在用例图中该端显示箭头)。右键单击绘图区的【通信】形状,选择【形状显示选项】,在【端选项】部分可以不选择端名和端的多重性,这样会使得用例图显示的内容较少。

"扩展"形状表明用例之间的扩展关系。

4. 绘制类图

类图是系统静态模型的组成部分,Visio 中的静态结构图指的就是类图。在形状窗口的【UML 静态结构】栏,有绘制类图的图形元素。

双击绘图区的【类】图形,弹出【UML 类属性】窗口,在该窗口的【特性】页可以定义类的属性(如图 8-37 所示)、【操作】页可以定义类的方法。

图 8-37　UML 类属性窗口

"二元关联"和"复合"形状都可以用来表明类之间的实例连接关系和整体—部分关系,在绘图区双击【二元关联】或【复合】图形进入【UML 关联属性】窗口,在该窗口的【关联端】部分可以定义关联端的"聚合"特性、"多重性"特性和"导向"特性。右键单击绘图区的【二元关联】或【复合】图形,选择【形状显示选项】,可以指定在 UML 图中显示关联端的哪些信息。

"泛化"形状可以用来表明类之间的泛化关系。

5. 绘制顺序图

顺序图是系统动态模型的组成部分,Visio 中的序列图指的就是顺序图。在形状窗口的【UML 序列】栏,有绘制顺序图的图形元素。

"对象生命线"形状表明顺序图中的对象及其生命线。双击绘图区【对象生命线】图形弹出【UML 分类器角色属性】,在该窗口可以为对象命名,也可以指定对象所属的分类器(即该对象是哪个类的实例)。右键单击绘图区的【对象生命线】图形,选择【形状显示选项】,当选中【分类器名称】时,在顺序图上就可以显示对象所属的类的名称。生命线可以被延长或缩短。

"激活"形状可以被拖曳到对象生命线上,也可以被延长或缩短。

"消息"形状用来表示对象之间的通信。双击绘图区的【消息】图形可以为消息命名或定义消息的其他属性。

8.4.2　用 Rational Rose 绘制 UML 图

Rose 是美国 Rational 公司的面向对象建模工具,利用这个工具,可以建立用 UML 描述的软件系统的模型,而且可以自动生成和维护 C++、Java、VB 和 Oracle 等语言和系统的代码。

Rational Rose 主界面如图 8-38 所示。

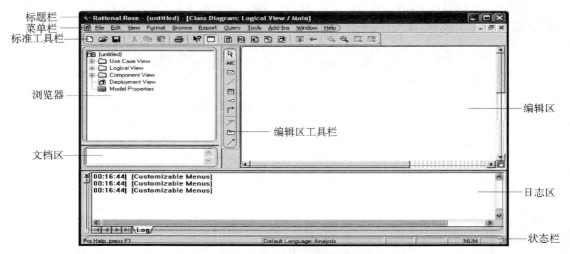

图 8-38 Rational Rose 主界面

Rose 的工作区分为四个部分：浏览器、文档区、编辑区和日志区。

浏览器——用来浏览、创建、删除和修改模型中的模型元素。

浏览器是层次结构，组成树形视图样式，用于在 Rose 模型中迅速定位。浏览器可以显示模型中的所有元素，包括用例、关系、类和组件等，每个模型元素可能又包含其他元素。利用浏览器可以增加模型元素（参与者、用例、类、组件、图等）；浏览现有的模型元素；浏览现有的模型元素之间的关系；移动模型元素；更名模型元素；将模型元素添加到图中；将文件或者 URL 链接到模型元素上；将模型元素组成包；访问模型元素的详细规范；打开图。

浏览器中有四个视图：用例视图（Use Case View）、逻辑视图（Logical View）、组件视图（Component View）、配置视图（Deployment View）。

文档区——用来显示和书写各个模型元素的文档注释。

文档区用于为 Rose 模型元素建立文档，例如对浏览器中的每一个参与者写一个简要定义，只要在文档区输入这个定义即可。

编辑区——用来显示和创作模型的各种图。

在编辑区中，可以打开模型中的任意一张图，并利用左边的工具栏对图进行浏览和修改。修改图中的模型元素时，Rose 会自动更新浏览器。同样，通过浏览器改变元素时，Rose 也会自动更新相应的图。这样就可以保证模型的一致性。

日志区——用来记录对模型所做的所有重要动作。

Rose 模型中有四个视图：用例视图（Use Case View）、逻辑视图（Logical View）、组件视图（Component View）、配置视图（Deployment View）。每个视图针对不同的对象，具有不同的作用。

下面简要介绍几种模型图的画法。

1. 用例图

首先在用例视图上双击"Main"，如图 8-39 所示，为绘制用例图做好准备。

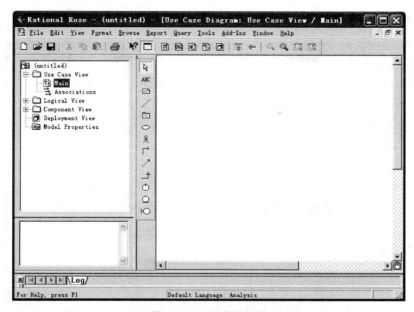

图 8－39 新建用例图

在图中的工具栏选取【Actor】图标，在右边的图中添加 Actor。在左边的工具栏中，选取
【Use Case】的图标，在右边的图中画出用例。绘制出用例后，接下来是绘制参与者与用例的
通信。如图 8－40 所示。

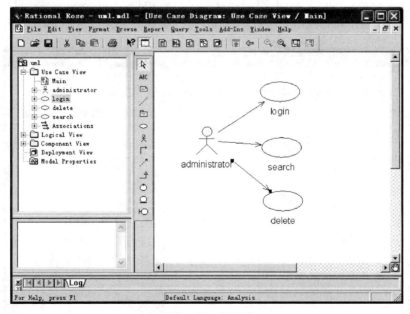

图 8－40 用例图

2. 活动图

在用例图中，找到用例，右击鼠标在弹出的快捷菜单中选【New】，选【Activity

Diagram】,选中后单击,便可以新建好一个活动图。如图 8 - 41 所示。

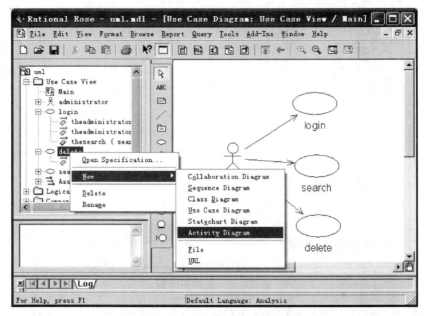

图 8 - 41 新建活动图

　　新建好活动图后,在左边的工具栏内点击【Swimlane】,在右边的图添加一个泳道,接着在左边的工具上选取【Start State】,添加完开始结点后,再来为此活动图添加活动,再在开始结点和活动之间添加活动关系,利用【Decision】图标添加一个验证框。如图 8 - 42 所示。

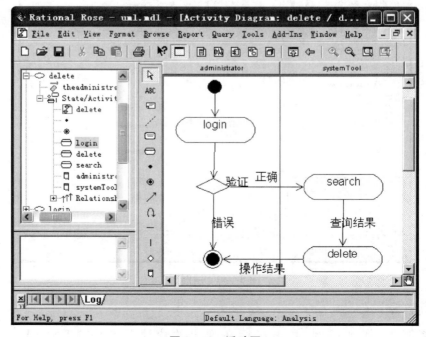

图 8 - 42 活动图

3. 状态图

在用例图中的用例,单击右键,新建一个状态图,如图 8-43 所示。

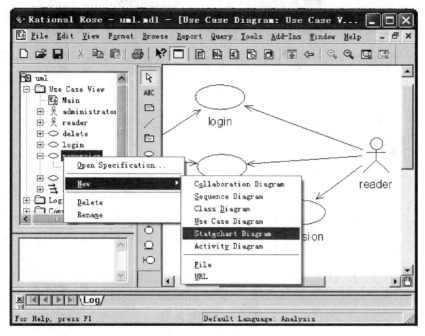

图 8-43　新建状态图

完成后的状态图如图 8-44 所示。

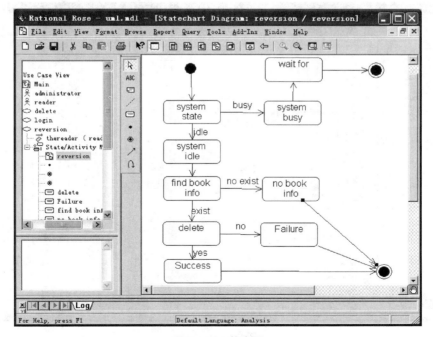

图 8-44　状态图

4. 类图

打开已经构建的 UML 模型文件,打开 Rose 中的逻辑视图(Logical View),用鼠标右击逻辑视图,在弹出来的菜单中选择【New】→【Class Diagram】项,创建类图,如图 8 - 45 所示。

图 8 - 45 新建类图

绘制类图时,首先确定类,明确类的含义和职责,确定属性和操作,然后确定类之间的关系,最后调整和细化类及类之间的关系。如图 8 - 46 所示。

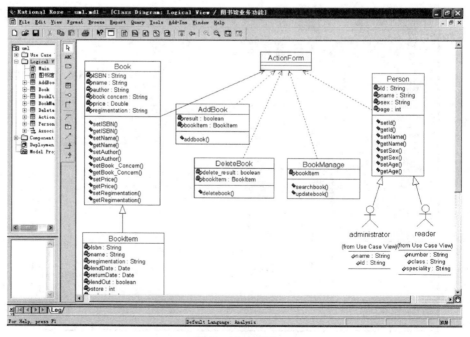

图 8 - 46 类图

5. 交互图

在 Rose 的【Logical View】单击右键,选择【Sequence Diagram】新建一个时序图,时序图是交互图一种表示,可以用时序来表示,如图 8-47 所示。在此,先简单介绍一下用法:图中的直线箭头是发送消息;虚线箭头是返回消息;曲折线是对象自己给自己发送消息并调用。

接下来是添加类,添加类后,便可以添加方法,开始时必须是外面的实体向系统发送消息。

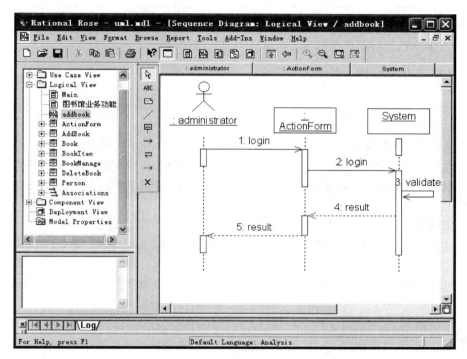

图 8-47　时序图

完成时序图后,可以按 F5 键便得到相应的协作图,如图 8-48 所示。

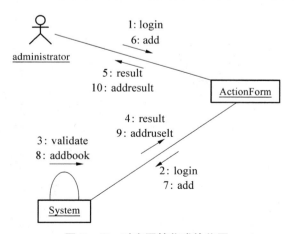

图 8-48　时序图转化成协作图

参考文献

[1] 张海藩,牟永敏.软件工程导论(第 6 版)[M].北京:清华大学出版,2013.

[2] 计算机软件文档编制规范.中华人民共和国国家标准,GB/T 8567—2006.

[3] Roger S·Pressman.软件工程实践者的研究方法(第 9 版)[M].北京:机械工业出版社,2021.

[4] 张湘辉等.软件开发的过程与管理[M].北京:清华大学出版社,2005.

[5] 韩万江.软件工程案例教程:软件项目开发实践(第 2 版)[M].北京:机械工业出版社,2016.

[6] 赵韶平等.PowerDesigner 系统分析与建模(第 2 版)[M].北京:清华大学出版社,2010.

[7] 张海藩等.实用软件工程[M].北京:人民邮电出版社,2017.

[8] 朱少民.软件测试(第 2 版)[M].北京:人民邮电出版,2015.

[9] 程报蕾等.软件测试与质量保证[M].北京:清华大学出版社,2015.